加筋土挡墙
墙趾约束机理
及内部稳定性研究

张 琬 陈建峰 著

薛一峰 主审

中国水利水电出版社
www.waterpub.com.cn
·北京·

内 容 提 要

本书介绍了模块式加筋土挡墙在模型试验、数值模拟和计算理论方面的研究现状，建立了墙趾界面剪切刚度计算模型，研究了刚性地基和软弱地基上模块式加筋土挡墙的变形和受力特征，揭示了墙趾约束机理，分析了模块式加筋土挡墙的受力机制及其影响因素，在此基础上提出了考虑墙趾约束条件的加筋土挡墙筋材拉力计算方法。

本书可供建筑、水利、铁路、公路等领域的工程技术人员和研究人员参考使用。

图书在版编目（CIP）数据

加筋土挡墙墙趾约束机理及内部稳定性研究 / 张琬，陈建峰著. -- 北京 : 中国水利水电出版社，2023.9
ISBN 978-7-5226-1796-1

Ⅰ. ①加… Ⅱ. ①张… ②陈… Ⅲ. ①加筋土挡土墙—研究 Ⅳ. ①TU476

中国国家版本馆CIP数据核字(2023)第174973号

书　　名	**加筋土挡墙墙趾约束机理及内部稳定性研究** JIAJINTU DANGQIANG QIANGZHI YUESHU JILI JI NEIBU WENDINGXING YANJIU
作　　者	张　琬　陈建峰　著 薛一峰　主审
出版发行	中国水利水电出版社 （北京市海淀区玉渊潭南路1号D座　100038） 网址：www.waterpub.com.cn E-mail：sales@mwr.gov.cn 电话：(010) 68545888（营销中心）
经　　售	北京科水图书销售有限公司 电话：(010) 68545874、63202643 全国各地新华书店和相关出版物销售网点
排　　版	中国水利水电出版社微机排版中心
印　　刷	北京印匠彩色印刷有限公司
规　　格	184mm×260mm　16开本　8.75印张　213千字
版　　次	2023年9月第1版　2023年9月第1次印刷
印　　数	0001—1000册
定　　价	**60.00**元

前言

PREFACE

模块式加筋土挡墙的墙面由小尺寸混凝土模块堆叠干砌而成。模块式墙面既能提供刚性墙面所具有的刚度，又因非连续性而兼具柔性墙面的协调变形能力，使挡墙适用性显著增强，再加上造价低廉、施工简便等优势，使其广泛应用于建筑、交通、水利、国土资源等领域的工程建设中。目前国内外加筋土挡墙规范中有关内部稳定性的计算普遍采用“锚固楔形体”法，即AASHTO法，其假定挡墙土压力全部由筋材承担，忽略了墙趾界面约束作用对硬质墙面（如混凝土模块或面板等）加筋土挡墙稳定性的贡献，在设计上过于保守。因此，开展加筋土挡墙的墙趾约束机理及内部稳定性研究具有重要的现实意义和工程经济价值。

本书基于模块式加筋土挡墙离心模型试验和数值模拟结果，系统介绍了墙趾约束条件对挡墙力学行为的影响，揭示了模块式加筋土挡墙的墙趾约束机理；通过量化墙趾、筋材荷载分担比，证明了墙趾阻力和筋材连接力共同平衡墙背水平土压力，建立了加筋土挡墙的力学模型，探讨了墙趾约束条件、挡墙尺寸、筋材参数和填土参数对挡墙受力机制的影响；在此基础上，提出了可以考虑墙趾约束条件的加筋土挡墙筋材拉力计算方法，并采用现场挡墙的实测筋材拉力数据对该方法进行了验证。

全书共8章。第1章主要介绍了模块式加筋土挡墙在模型试验、数值模拟和计算理论方面的研究现状；第2章主要介绍了墙趾界面剪切刚度计算模型；第3～4章主要介绍了模块式加筋土挡墙的墙趾约束机理；第5章主要介绍了软弱地基上模块式加筋土挡墙的变形、受力特征；第6～7章主要介绍了模块式加筋土挡墙的受力机制及其影响因素；第8章主要介绍了考虑墙趾约束条件的加筋土挡墙筋材拉力计算方法。主要研究结论如下：

(1) 墙趾约束条件对模块式加筋土挡墙稳定性影响显著，墙趾正常约束的挡墙，其筋材连接力沿墙高呈现中部大、顶底部小的分布形态，随着墙趾约束减弱，挡墙中下部的墙面水平位移和筋材应变明显增大，筋材连接力沿墙高呈顶部小、底部大的三角形分布。

(2) 当基座埋置于地基土中时，尽管基座-地基界面的抗剪强度较小，但其承受的剪应力也很小，挡墙不会沿该界面滑移，模块-基座界面对挡墙起主要约束作用；在基座前方地基土被冲刷掉的情况下，基座-地基界面的抗剪强度降低，而剪应力显著增大，基座-地基界面对挡墙起主要约束作用；墙趾承担墙背水平土压力的能力与起主要约束作用的墙趾界面的剪切强度参数有关，基本不受另一墙趾界面剪切强度参数影响。

(3) 模块式加筋土挡墙的墙趾和筋材共同承担墙背水平土压力，墙趾荷载分担比随着对挡墙起主要约束作用的墙趾界面摩擦角增大而明显增大，但当界面摩擦角达到25°后，墙趾荷载分担比变化不大；在同一墙趾约束条件下，墙趾荷载分担比随墙高和筋材刚度的增大而减小，随墙面仰角、筋材间距和填土摩擦角的增大而增大。

(4) 采用响应面方法提出了考虑墙趾约束作用的筋材连接力和填土中筋材最大拉力的计算方法；采用对墙趾约束作用有影响的墙高、墙面仰角、填土摩擦角等参数分别建立筋材连接力和筋材最大拉力响应面模型，基于55组挡墙数值模型计算得到的570组筋材连接力和筋材最大拉力数据，采用最小二乘法确定响应面模型系数；根据现场试验和离心模型试验得到的筋材拉力实测数据对该方法进行验证，结果表明计算值与实测值基本一致。

本书相关研究得到了国家自然科学基金“降雨和交通荷载耦合作用下黄土填料加筋挡墙破坏机理研究”（项目编号：42007264）和“加筋地基破坏机理和极限承载力计算”（项目编号：41772289）的联合资助；本书的出版得到了“西安理工大学省部共建西北旱区生态水利国家重点实验室出版基金”的资助。

本书第1、2章、第4、5章、第7、8章由张琬博士编著，第3、6章由张琬博士和陈建峰教授共同编著，余炎教授提出了很多宝贵的意见和建议。本书由薛一峰高级工程师主审，课题组其他成员对本书的研究成果也做出了贡献，未能一一列出，在此对所有参与本书研究的人员以及对课题研究和本书编撰提供指导的专家表示由衷的感谢。

由于时间和水平有限，书中不免有疏漏之处，敬请读者不吝指正。

编者

2023年3月于西安

目录
CONTENTS

第1章 绪 论

1.1 研究背景

20 世纪 60 年代法国工程师 Henri Vidal 提出“加筋土”概念[1]，加筋土挡墙应运而生，并以其造价低廉、施工简单、稳定性高、抗震性好等优势迅速发展，现已广泛应用于建筑、交通、水利、国土资源等领域的工程建设中。加筋土挡墙按墙面类型可分为筋材反包式墙面、木质墙面、电焊铁丝网墙面、格宾式墙面、预制混凝土整体墙面、现浇混凝土整体墙面以及混凝土模块式墙面的加筋土挡墙[2]。多种类型的加筋土挡墙中，模块式加筋土挡墙最为经济[2-3]，且外形美观，其墙面既能提供刚性墙面所具有的刚度，又因非连续性而兼具柔性墙面的抗变形能力，使其适用性显著增强，保持着良好的性状记录。

目前，在国内外加筋土挡墙设计规范中，筋材最大拉力的计算方法采用基于极限平衡理论的锚固楔形体法，该方法假设筋材承担全部的墙背水平土压力。然而，大量加筋土挡墙现场试验实测的筋材最大拉力值仅为规范方法的 1/3[4-5]，可见规范方法高估了筋材拉力。对于模块式加筋土挡墙来说，规范方法高估筋材拉力的原因之一是其忽略了墙趾约束作用，即墙趾承担墙背水平土压力的能力。

模块式加筋土挡墙（见图 1.1）的墙面由采用干浇法预制的小尺寸混凝土块体（例如，长 × 宽 × 高为 460mm × 300mm × 200mm）堆叠干砌而成，各模块间通过凹凸槽、插销等连接，增加了模块间的界面剪切强度和刚度。最底层模块通常不直接放置于地基土上，而是放置于混凝土或碎石制成的水平基座之上，并埋入地基中一定深度，构成了模块-基座和基座-地基两个墙趾界面。当墙面受到墙背水平土压力作用，水平土压力通过墙面模块间的剪力键传递至墙趾，底层模块与基座以及基座与地基土之间都会因相对滑动或具有相对滑动的趋势而导致两者之间的界面上产生摩擦阻力，墙趾界面上的摩擦阻力与筋材在墙面连接处的拉力共同平衡墙背水平土压力，起到约束墙面位移、减小筋材拉力的作用。实际工程中，模块-基座和基座-地基界面的摩擦角和剪切刚度会因混凝

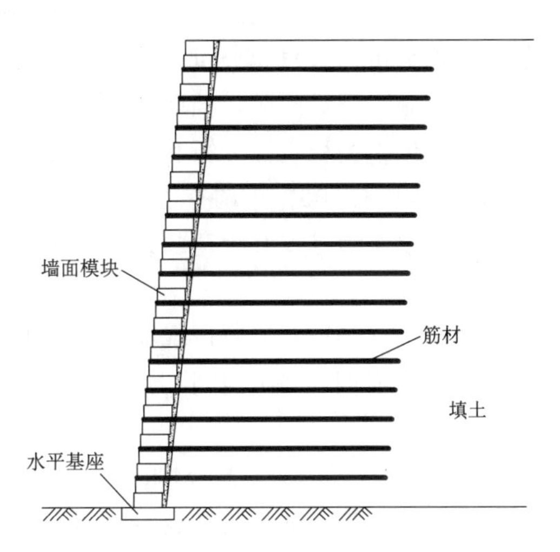

图 1.1 模块式加筋土挡墙示意图

土墙面模块和水平基座表面粗糙度的不同以及地基土性质的不同而发生改变，即墙趾约束条件发生改变。但目前墙趾约束条件对墙趾承担荷载能力的影响还未能确定。

综上可见，研究墙趾约束作用对准确计算模块式加筋土挡墙的筋材拉力至关重要。本书采用界面大型直剪试验和离心模型试验，分析不同墙趾约束条件下挡墙的墙面位移、筋材应变和筋材连接力，以研究墙趾约束条件对模块式加筋土挡墙内部稳定性的影响；采用离心模型试验和数值模拟相结合的方法，分析不同墙趾约束条件下墙趾界面正应力、界面剪切刚度、界面间相对位移随墙高的变化，以研究墙趾约束机理；采用数值模拟方法分析挡墙各项参数对墙趾约束作用的影响，研究模块式加筋土挡墙受力机制；基于研究得到的墙趾约束机理及挡墙受力机制，采用响应面法提出考虑墙趾约束作用的模块式加筋土挡墙内部稳定性设计方法。

1.2　模块式加筋土挡墙研究现状

相对于其他类型的加筋土挡墙依靠筋材与填土之间摩擦力来平衡墙面板所受的水平土压力，模块式加筋土挡墙在此基础上又增加了墙趾与基座间、基座与地基间、模块间、模块与筋材间的界面摩擦来共同承担水平土压力，保持结构稳定，所以其作用机理也更为复杂。国内外学者对模块式加筋土挡墙的性状、稳定性等进行了研究，并取得了一系列研究成果，以下就国内外对模块式加筋土挡墙在试验、数值模拟和理论分析方面的研究现状作一综述。

1.2.1　试验研究

1.2.1.1　现场试验研究现状

Yoo (2004)[6] 对一建成 6 年后有倒塌迹象的模块式加筋土挡墙做了现场监测、极限平衡稳定性分析和有限元分析，以调查挡墙发生大变形的原因并评估其安全性。监测数据表明，由于施工质量问题，挡墙在建造期间已经发生了明显变形，导致填土和筋材应变显著增加。极限平衡稳定性分析和有限元分析表明，该挡墙的短期和长期稳定性都不足。

Yoo et al. (2006)[7] 调查了一座 7.4m 高模块式加筋土挡墙在建成三个月后倒塌的原因，认为挡墙不满足现有规范的设计要求、填土性质不良和雨水渗入加筋体是挡墙倒塌的三个主要原因。

杨广庆等 (2012)[8] 通过现场试验分析了一座刚性地基上双级模块式加筋土挡墙的性状，试验结果表明，墙背水平土压力远小于主动土压力，各层筋材应变的最大值均小于 0.4%。

Allen et al. (2013)[9-10] 对采用 K -刚度法设计的 6.3m 和 11m 高的模块式加筋土挡墙进行了现场试验，试验结果表明采用 K -刚度法设计的挡墙筋材用量为 AASHTO 法的 35%～50%，且 K -刚度法筋材拉力计算值更接近实测值。

Riccio et al. (2014)[11] 对一座 4.2m 高、黏土作为填土的模块式加筋土挡墙进行了现场试验，监测了筋材拉力、加筋体的水平和竖向位移、墙面模块间水平位移和受力，并与理论分析以及有限元分析结果进行了对比。研究结果表明，对于黏性填土模块式加筋土挡墙，朗肯主动土压力法和 Bathurst (2008)[5] 提出的修正 K -刚度法的筋材拉力计算值分别为负值和接近于 0，而实测值远大于两者计算值，Leshchinsky (1989)[12] 所提出的筋材拉力计算方法因没有考虑黏性填土的情况而与实测值不符；模块界面上的竖向荷载总是大于其上模块总重量，这是由于填土的竖向应力通过填土与模块的界面摩擦传递到模块上；填土压实会导致墙顶水平位移和筋材拉力增加。

Yang et al. (2014)[13] 对一座由土石混合料作为填土的 17m 高的两级模块式加筋土挡墙进行现场测试，主要对其在建造结束后 15 个月的各项性状进行了测试。测试结果表明，在保证填土压实度、筋材与填土的嵌固以及避免筋材在安装时发生破坏的前提下，土石混合料可以作为土工合成材料加筋土挡墙的填土材料；由于填土颗粒较大，筋材可能会沿筋土界面发生滑移，但滑移量较小，且在挡墙建造结束 9 个月后停止发展；加筋体与非加筋体压实度之间的差异可能导致下级挡墙倾覆；采用 FHWA 规范法计算的筋材最大拉力是实测筋材最大拉力的 2 倍。

周亦涛等 (2014)[14] 对一座多级加筋土复合式挡墙进行了现场测试，试验结果表明，模块式加筋土挡墙底部的竖向土压力沿筋材长度方向呈线性分布且大小基本相同，墙背水平土压力沿墙高呈非线性分布，筋材应变沿筋材长度方向也呈非线性分布。

Jiang et al. (2016)[15] 认为目前加筋土挡墙普遍采用的 0.6m 筋材间距过大，这种较大的筋材间距对筋材与墙面连接处的强度要求较高，并会引起墙面发生“鼓肚”变形，为解决这一问题，Jiang et al. 通过模块式加筋土挡墙现场试验研究在主筋间加入次筋后挡墙发生性状变化。共建造了 3 座模块式加筋土挡墙，分别为：以单向土工格栅作为主筋和次筋的挡墙；以单向土工格栅为主筋、双向土工格栅层为次筋的挡墙；仅以单向土工格栅作为主筋的挡墙。试验中对填土的竖向和侧向压力、墙面水平位移和筋材应变进行监测。试验结果表明，加入次筋可以减小墙面水平位移，使侧向土压力分布更加均匀，降低主筋的应变。

Saghebfar et al. (2017)[16] 对美国路易斯安那州建造的第一个模块式加筋土挡墙桥台进行了现场监测，监测内容包括桥梁变形和沉降、筋材应变、填土中竖向和水平应力以及孔隙水压力。测量数据表明，不同高度处筋材应变大小和分布不同；各层筋材最大应变连线位置随超载大小而改变，且连线与水平面的夹角不等于 $(45°+1/2\varphi)$；采用“Bin pressure theory”计算的墙背侧向土压力与挡墙下部实测土压力接近，但该理论低估了挡墙上部的侧向土压力。总体上，所测得的模块式加筋土挡墙桥台的筋材应变、土压力、沉降和变形均在设计要求的范围内。

Udomchai et al. (2017)[17] 对泰国的一座由残余泥石作为填土的模块式加筋土挡墙进行现场试验，试验中对挡墙在建造过程中、建造完成后以及使用期间的沉降、承载力、侧向位移、侧向土压力、筋材拉力进行了测量。试验结果表明，挡墙建造结束后 20 天的最大沉降约为 5mm。270 天后，由于超载作用，填土最终沉降约为 25mm；挡墙建造结束时墙面水平位移非常小，最大位移位于在墙体顶部，小于 10mm，侧向最大位移与墙高的比值 (d/H) 约为 0.12%，低于 0.4%的允许值；由于 d/H 较低，且挡墙在使用过程中实测沉降和侧向位移变化不大，因此认为该挡墙具有较高的稳定性。在筋材最大拉力实测数据基础上，还进一步分析了侧向土压力系数和埋深的关系，以此研究挡墙的内部稳定性。

1.2.1.2　模型试验研究现状

Bathurst et al.（2000）[18] 进行了 4 组基于刚性地基的加筋土挡墙室内足尺试验，其中三组为模块式加筋土挡墙，一组为筋材反包加筋土挡墙。试验结果表明：筋材与墙面之间的连接力为筋材的最大拉力；墙趾承担了大部分的墙背水平土压力，但现有规范没有考虑墙趾作用而是采用传统土压力理论计算筋材拉力，导致规范方法过于保守；填土摩擦角的选取也是造成规范方法保守的原因之一，对于硬质墙面加筋土挡墙，应选用平面应变摩擦角作为填土摩擦角；相较于柔性墙面的挡墙，硬质墙面可以减小筋材中的应变；由于填土对墙面的下拉力，作用在墙趾处的竖向荷载大于墙面自重，这说明 NCMA（National Masonry Concrete Association）方法中对于模块接触面上竖向压力的计算过于保守。

Bathurst et al.（2006）[19] 采用足尺模型试验对比了模块式加筋土挡墙和反包式加筋土挡墙的性状，以研究墙面刚度对挡墙性状的影响。试验结果表明，模型建成后和加载后柔性墙面挡墙的筋材最大拉力分别为模块式挡墙的 3.5 倍和 2 倍，AASHTO 法计算的模块式加筋土挡墙的筋材拉力为实测值的 1.5 倍，这说明硬质墙面作为一个结构单元可以显著减小筋材拉力，而 AASHTO 法没有考虑墙面作用而高估了模块式挡墙的筋材拉力。然而，Leshchinsky et al.（2007）[20] 对此试验中固定约束的挡墙墙趾是否符合实际提出了疑问。Bathurst et al.（2007）[21] 回应：在实际工程中，墙趾与水平基座间的摩擦阻力和埋置墙趾的土体对其水平阻力提供了墙趾的侧向约束。

刘卫华等（2006）[22] 通过模块式加筋土挡墙足尺试验分析墙面和土工格栅之间的摩擦力和摩擦系数，及其影响因素。试验结果表明，摩擦力和摩擦系数均与正应力有良好的对数关系，墙面与筋材间合适的摩擦连接范围是由筋材竖向间距决定的。

Bathurst et al.（2007）[23] 通过界面直剪试验研究了不同加载方式下，模块式加筋土挡墙中不同类型墙面模块界面的剪切强度参数。研究结果表明，对于表面平滑的混凝土模块界面来说，加载方式对得到的界面剪切强度参数影响不大；而对于有剪力键的混凝土模块界面，采用气囊加载得到的结果较为准确。

Ehrlich et al.（2012）[24] 进行了两组基于刚性地基的模块式加筋土挡墙室内足尺试验，对两组挡墙的填土分别采用轻型和重型手动夯实机进行压实，以分析土体压实度对挡墙性状的影响。研究结果表明，填土压实度对筋材拉力有显著影响，重型压实的挡墙墙面筋材连接力小于轻型压实挡墙，其建成后的填土中筋材拉力却远大于轻型压实挡墙；填土压实度越大，筋材最大拉力位置越靠近墙面；但压实度大小所造成的挡墙性状差别随墙顶荷载的增加而减小。

Huang 和 Chen（2012）[25-26] 进行了 4 组模块式加筋土挡墙模型试验，研究墙趾受到冲刷的情况下模块式加筋土挡墙性状及稳定性。试验结果表明，在均匀移除墙趾埋置土的过程中，由于挡墙底部筋材拉力增大，挡墙的竖向和水平位移以及安全系数均变化不大；在墙趾附近的地基土被移除的过程中，由于地基承载力不足，挡墙竖向和水平位移快速增大，安全系数快速减小。

Ehrlich et al.（2013）[27] 采用室内足尺模型试验将模块式加筋土挡墙和筋材反包加筋土挡墙进行对比，以研究墙面刚度和墙趾阻力对挡墙性状的影响。研究表明，墙趾无约束时，筋材拉力几乎不受墙面刚度影响，而墙趾固定约束时，筋材拉力随墙面刚度增大而减小；不论墙面刚度大小，固定约束挡墙的各层筋材最大拉力以及墙趾荷载的总和几乎保持恒定，且大于无约束挡墙；固定约束挡墙的水平位移更小，这导致固定约束和无约束挡墙的性状存在一定差别。

Guler 和 Selek（2014）[28] 通过模块式加筋土挡墙缩尺振动台试验研究了地震作用下的地基加速度峰值变化、筋材长度和间距变化、模型比例尺变化以及最顶部两层墙面模块是否固定对墙面加速度和最大位移、筋材应变的影响。试验结果表明，地震过程中墙面的最大加速度由下至上逐渐增大；当筋材长度满足挡墙设计规范的最低要求时，筋材长度和间距不影响墙面最大加速度和水平位移；没有观察到明显的永久位移；当筋材在挡墙潜在滑动面后起到锚固作用时，减小筋材长度和增加筋材间距会导致筋材应变增大。

Xiao et al.（2016）[29] 进行了一系列模块式加筋土桥台的室内模型试验，研究墙顶条形荷载下荷载距墙面位置、荷载宽度、筋材长度、筋材与墙面连接模式对挡墙承载能力的影响。研究结果表明，对于筋材与墙面机械连接和摩擦连接的挡墙，其承载能力分别在墙顶条形荷载距墙面 0.3 倍和 0.4 倍墙高处最大；滑动面都是从条形荷载的边缘开始发展并穿过墙面；条形荷载下模块式加筋土挡墙的滑动面与基于极限平衡理论的 Spencer 锲形体法结果吻合。

Miyata et al.（2015）[30] 进行了 3 组 4m 高土工格栅加筋土挡墙室内足尺模型试验，三组模型都基于 2m 厚砂土地基层，墙面分别是混凝土板、砂袋和胶合板。试验研究了挡墙建成后墙趾附近地基失稳以及地基失稳后缩短筋材对挡墙性状的影响，研究结果表明，即使墙趾失去地基土的支撑，筋材仍然具有足够的强度可以抵抗挡墙发生内部破坏；对于混凝土和砂袋墙面的挡墙，缩短筋材后挡墙仍保持稳定，对于胶合板墙面的挡墙，缩短筋材会导致挡墙中滑动面从地基底部延伸至填土表面，挡墙发生复合式破坏。

Bathurst et al.（2015）[31] 进行了 2 组只有筋材长度不同的混凝土板锚杆加筋土挡墙室内足尺试验，以分析其在墙趾失去支撑后的稳定性。研究结果表明，相较于筋材较长的挡墙，筋材短的挡墙在建成后和墙趾附近地基失稳期间，其墙面位移更大；挡墙建成后，相对于现有的设计方法，筋材拉力测量值与作者提出的 K -刚度法计算值更为接近；然而在墙趾失去支撑后，日本 PWRC 方法计算的筋材拉力更加准确和安全；即使墙趾附近地基土发生较大位移，两组挡墙都有足够的安全储备抵抗如筋材断裂和拔出形式的内部破坏。

Latha 和 Santhanakumar（2015）[32] 开展了模块式加筋土挡墙和刚性面板加筋土挡墙振动台试验，以研究地震作用下填土密度、筋材层数和筋材类型对刚性面板和模块式面板加筋土挡墙性状的影响。试验中对墙面水平位移、墙顶沉降和挡墙不同高度处的加速度进行监测。试验结果表明，相同的地震荷载下，模块式加筋土挡墙比刚性面板加筋土挡墙更加稳定；筋材类型和筋材层数对两种挡墙的抗震性能均有显著影响；填土的相对密度会影响挡墙的水平位移，随着相对密度增大，墙面水平位移减小；加速度不受墙面和筋材参数的影响。

王贺等（2016）[33] 通过室内模型试验研究模块式加筋土挡墙在超载作用下的受力和变形情况。试验结果表明，墙面水平位移沿墙高呈顶部大、底部小的分布；水平和竖向土压力沿筋材长度方向呈中部大、两端小的分布；不同断面上的水平土压力系数沿墙高的分布不同。

Helwany et al. (2017)[34] 通过足尺振动台试验，研究模块式加筋土挡墙桥台在地震荷载下的性状。试验结果表明，在频率为 1.5Hz，加速度为 0.15g 的地震荷载下，挡墙没有发生结构破坏和明显位移，且该挡墙模型在频率为 3Hz，加速度为 1.0g 的地震荷载下仍能够充分承受桥梁荷载。

Viswanadham et al. (2017)[35] 采用离心模型试验比较分析了渗流作用下，布置砂井和不布置砂井的模块式加筋土挡墙的性状。试验结果表明，在渗流初期，筋材刚度较低并不设砂井的加筋土挡墙即因加筋区和回填区的孔隙水压力过大而发生破坏，相比之下，筋材刚度较大的挡墙性状良好；砂井可以有效地降低墙趾和墙趾附近的孔隙水压力，从而提高渗流作用下的挡墙性能；墙趾处砂井管道会发生局部破坏，增加砂井砂层厚度可以提高排水量，从而提高墙趾附近管道的安全系数；只要筋材具有足够的刚度且填土中具有排水结构，性质较差的土体也可以作为加筋土挡墙的填土。

Zheng et al. (2017)[36] 对一作为桥台的模块式加筋土挡墙开展了缩尺振动台模型试验，试验所测得的一系列纵向地震作用下的桥台侧向位移和桥台沉降数据表明，模块式加筋土挡墙桥台具有良好的抗震性能。

Ahmadi 和 Bezuijen (2018)[37] 分别对刚性墙面和柔性墙面的加筋土挡墙进行了室内足尺试验，两组挡墙除了墙面以外的其他参数相同。试验中对筋材应变、水平土压力和竖向土压力进行了测量。试验结果表明，刚性墙面挡墙的筋材拉力大于柔性墙面挡墙的筋材拉力；最大筋材应变发生在条形基础正下方的挡墙顶部筋材中；柔性墙面挡墙最大挠度大于刚性墙面挡墙，刚性墙面的最大挠度发生在挡墙顶部，而柔性墙面的最大挠度出现在距挡墙顶部 0.81 倍的墙高处。此外，该研究提出了一种加筋土挡墙分析方法，该方法可以考虑挡墙建造完成后和条形荷载作用后的墙面刚度，在考虑墙面刚度的情况下，所提出的分析方法与试验结果吻合较好。

1.2.2　数值模拟研究

Rowe 和 Skinner (2001)[38] 对可压缩性地基上的 8m 高模块式加筋土挡墙进行了二维数值模拟，探讨地基特性对挡墙性状的影响。研究结果表明，可压缩性地基的强度和刚度对挡墙性状影响显著，与刚性地基相比，高压缩性软弱地基可显著增大挡墙墙面和墙底变形、筋材应变以及墙趾处的竖向土压力，但对挡墙墙背水平土压力的影响较小。

Skinner 和 Rowe (2003)[39] 对刚性地基和两种不同软弱程度地基上的 6m 高模块式加筋土挡墙进行了二维数值模拟，研究了地基压缩变形对挡墙内部和外部稳定性的影响，得出软弱地基的黏塑特性可导致筋材应变比现有理论计算结果大 45%。

Leshchinsky et al. (2004)[40] 对一假定的 3 级台阶模块式加筋土挡墙分别采用极限平衡理论和 FLAC 有限差分程序进行分析，两者得到的滑动面和稳定系数一致，由此认为对多级加筋土挡墙可采用极限平衡理论进行设计计算。

Skinner 和 Rowe (2005)[41] 用二维有限元对一假设的软土地基上的 6m 高模块式墙面加筋土挡墙桥台进行分析，认为尽管外部稳定性不足，加筋土挡墙仍能承受因地基土屈服产生的过量变形，甚至减少了差异沉降和潜在的桥头跳车问题；并指出现行设计理论中的内部稳定性计算未考虑地基的固结和剪切变形。

Yoo 和 Song (2006)[42] 对位于软土地基上 5m 高 2 级台阶模块式加筋土挡墙进行了有限元分析，得出地基的屈服会影响下级挡墙的内部和外部稳定，若按照现行的假定地基为刚性的设计理论进行软土地基上多级加筋土挡墙设计是不安全的。

Hatami et al. (2005, 2006)[43-44] 采用 FLAC 有限差分软件对 RMC 试验挡墙[18] 建立数值模型，将数值计算结果与试验结果进行对比，发现采用非线性弹塑性模型模拟填土和筋材，所得到的墙趾阻力、地基竖向压力、墙面位移、筋材与墙面连接力和筋材应变等均与试验结果吻合较好，而采用线弹性-理想塑性模型模拟填土，所得墙面位移和墙趾阻力依然接近试验值，但筋材应变分布与试验值差距较大。

Huang et al. (2009)[45] 基于模块式加筋土挡墙足尺模型试验建立 FLAC 有限差分数值模型，分别采用弹塑性的莫尔-库仑模型、修正的邓肯-张模型和单屈服面模型模拟填土，将 3 种模型的模拟结果与试验结果对比，发现在采用常规三轴试验所得土体参数的情况下，修正邓肯-张模型的模拟结果较其他两种模型更接近试验值。这为在 FLAC 中采用简单的土体模型正确模拟加筋土挡墙性状提供了经验。

Huang et al. (2010)[46] 采用 FLAC 有限差分程序分析在工作状态下，墙趾约束刚度对模块式加筋土挡墙性状的影响，其中墙趾约束刚度由墙面模块和水平基座的足尺剪切试验反算得到。研究结果表明，由于墙趾水平阻力的存在，模块式加筋土挡墙的墙趾承担了大部分的墙背水平土压力，没有考虑墙趾作用是现有规范对筋材拉力计算过于保守的原因之一；将筋材拉力的数值计算结果与 K -刚度法计算值对比发现，K -刚度法与数值计算值较为吻合，其比 AASHTO 法更为准确。

Liu (2012)[47] 采用有限元软件分析刚性地基上模块式加筋土挡墙建成后和建成 10 年后的墙面长期侧向位移。研究结果表明，组成墙面侧向位移的两个主要部分中，加筋体的变形主要受筋材间距和刚度的影响，不受筋材长度影响，当筋材刚度较大或者间距较小时，墙面变形也会受土体刚度影响；而被挡土体的侧向变形则很大程度上受筋材长度的影响；若筋材长度恒定，加筋体可看作一深梁结构，被挡土体的位移由土压力、梁高和梁刚度控制，而梁刚度受填土刚度、筋材间距、筋材刚度和墙面刚度的影响。

Chen 和 Bathurst (2013)[48] 基于混凝土模块与级配碎石土直剪试验得到剪应力与剪切位移关系曲线，建立基于墙趾真实约束的非线性双曲线界面模型，并将其编入加筋土挡墙 FLAC 程序命令流中，分析刚性地基上 3.6m 和 6m 高模块式加筋土挡墙墙趾剪切特性、墙面位移、筋材与墙面连接处拉力和填土中筋材拉力，并与普遍采用的线弹性-理想塑性界面模型计算的结果进行了比较，得出前者能更好地反映挡墙的实际性状。

Chen et al. (2014)[49] 采用非线性双曲线界面模型，进一步分析 2 种不同刚度大小的墙趾界面对 3.6m、6m 和 9m 高挡墙性状的影响，发现墙底以上 1/3 墙高范围的筋材拉力随墙趾界面剪切刚度的增大而减小，但墙趾界面剪切刚度大小对 1/3 墙高以上的筋材拉力影响很小。

Damians et al. (2014)[50] 通过数值模拟方法研究地基压缩性和筋材刚度对模块式加筋土挡墙性状的影响。数值模拟结果表明，随着地基刚度减小，筋材拉力增大；相比于地基刚度，筋材刚度对挡墙性状影响更大。

陈建峰 (2014)[51] 基于混凝土模块与级配碎石土的界面直剪试验结果，建立可以反映墙趾真实约束条件的非线性双曲线界面模型，分析刚性地基上3.6m高模块式加筋土挡墙在工作应力下的性状，并与墙趾恒定约束刚度的挡墙进行比较。研究表明，采用墙趾界面双曲线模型的挡墙，其墙趾界面剪切位移大于采用恒定刚度的挡墙；墙趾界面模型对墙趾承担荷载的能力基本无影响。

Mirmoradi et al.（2015）[52] 采用PLAXIS有限元程序对Bathurst（2000）[18] 的模块式挡墙足尺模型进行了参数分析，研究挡墙高度、填土压实度、筋材刚度、墙趾约束和墙面刚度对挡墙性状的影响。研究表明，筋材拉力受墙趾约束影响显著，对于墙趾不受约束的挡墙，其筋材拉力不受墙面刚度和挡墙高度的影响；对于墙趾固定约束的挡墙，筋材拉力和墙趾水平荷载受到墙面刚度的影响；除此之外，筋材拉力还受到压实度和筋材刚度的影响；墙趾水平荷载不受填土压实度影响。

Ambauen et al.（2016）[53] 通过数值模拟方法研究扩展基础荷载作用下模块式加筋土挡墙性状，并评价筋材类型和竖向间距、基础位置、基础尺寸和墙趾约束对墙背侧向土压力分布、挡墙变形和筋材应变的影响。研究结果表明，小间距加筋会增加侧向土压力，但也使墙面侧向位移、基础沉降和筋材应变减小，此外，在基础更靠近墙面的条件下，小间距加筋可以保证挡墙的稳定性，在挡墙作为桥台时，小间距加筋可以缩小桥面长度。

Rahmouni et al.（2016）[54] 通过三维数值模拟研究墙面倾角、墙面与填土界面摩擦角和背坡倾角对模块式加筋土挡墙性状的影响。数值结果表明，在墙面和填土界面粗糙以及背坡存在的情况下，AASHTO法和FHWA法过于保守。

Ren et al.（2016）[55] 采用动力有限元方法对模块式加筋土挡墙的振动台试验进行了数值模拟。在数值模拟中，采用可以统一描述土体应力各向异性、土体密度和土体结构的循环迁移模型模拟挡墙填土。数值模拟结果表明，增加筋材长度比减小筋材间距更能有效地提高模块式加筋土挡墙的稳定性，在控制整体变形时应保证加筋体的压实度。此外，还建立了一种加筋土挡墙抗震性能的评价方法。

Yang et al.（2016）[56] 建立了背对背模块式加筋土挡墙的有限元模型，研究侧向荷载作用下模块式加筋土挡墙的性能。有限元分析结果表明，加筋体的破坏模式和侧向承载力在很大程度上取决于墙宽与墙高之比（L/H），当$0.5<L/H\leqslant1.0$时，由于加载一侧的筋土界面发生滑动以及另一侧的土体达到主动极限状态，加筋体发生内部破坏；当$1.0<L/H\leqslant3.0$时，加筋体沿着地基-筋材界面发生滑移破坏；当$L/H>3.0$时，在侧向力作用下，加筋体内会发生被动土体破坏；加筋土极限承载力随L/H的增加而增大；当$L/H=0.5\sim3.0$时，加筋体侧向极限承载力系数为主动土压力系数的1.4～20.1；除了L/H的影响外，填土的摩擦角和重度、筋材竖向间距对加筋体的侧向承载力也有较大影响。

Yu et al.（2016）[57] 采用FLAC 2D建立2座模块式加筋土挡墙实际工程的数值模型，并分别采用线性弹塑性本构模型和非线性弹塑性本构模型模拟填土，发现两种填土本构模型对计算结果影响不大。

Zheng和Fox（2016）[58] 对静载作用下的模块式加筋土桥台进行了数值模拟，研究了主梁与桥台接触摩擦系数、填土相对密实度、填土黏聚力、筋材间距、筋材长度、筋材刚度、桥梁荷载等对模块式加筋土桥台的影响。结果表明，填土相对密实度、筋材间距和桥梁荷载对模块式加筋土桥台侧向位移和桥基沉降影响最大，且所有条件下，桥基与引道之间的沉降差异较小。

Ardah 和 Abu-Farsakh et al.（2017，2018）[59-60] 采用 PLAXIS 2D 和 3D 分别对路易斯安那州 Maree Michel 桥的模块式加筋土桥台建立二维、三维数值模型，对比了 3 种不同的荷载条件（桥梁施工结束时，桥面加载和非正常荷载）下桥台的性状。数值模拟结果表明，筋材位置改变导致工作荷载作用下的筋材最大应变发生改变，变化范围在 0.6%～1.5%；墙面水平位移最大值在工作荷载作用下的 3mm（0.07%的侧向应变）和异常荷载作用下的 7mm（0.3%的侧向应变）之间变化；在不同的荷载和加筋位置条件下，FHWA 法计算的筋材最大拉力比有限元法的计算结果大 1.5～2.5 倍。

Hamderi et al.（2017）[61] 采用三维有限元数值模型研究了模块式加筋土挡墙在墙面拐角处模块的开裂和分离问题。研究结果表明，墙面拐角处模块开裂与此处填土中应力过大有关，当筋材刚度和填土模量增大时，填土应力减小，提高筋材刚度和填土模量有助于防止墙面拐角处模块的分离和开裂。

Mirmoradi 和 Ehrlich（2017）[62] 采用数值模拟的方法研究工作应力条件下，筋材与面板刚度、墙高和墙趾约束这几个参数对模块式加筋土挡墙性状的影响。结果表明，面板刚度、墙趾高度、墙趾阻力对最大筋材拉力沿墙高分布的综合影响仅限制在距挡墙底部约 4m 的范围内；筋材拉力沿墙高分布曲线可能是关于墙高、筋材刚度、墙趾阻力和面板刚度的函数；在一定的面板刚度和墙趾被固定的条件下，增加挡墙高度和筋材刚度会使筋材拉力沿墙高的分布形状由梯形变为三角形。

Rong et al.（2017）[63] 采用 FLAC 3D 建立三维模块式加筋土桥台数值模型，研究模块式加筋土桥台在施工过程中的变形特性，研究结果为明确挡墙底部墙面水平位移以及基础沉降提供了依据，为模块式加筋土桥台的设计提供参考。

张垭等（2017）[64] 通过数值模拟方法研究了面板倾角对加筋土挡墙筋材内力的影响。数值模拟结果表明，筋材拉力随墙面仰角增大而减小，但本质上筋材拉力主要受填土竖向土压力和墙趾界面上的摩阻力影响。

Jiang et al.（2018）[65] 采用二维数值模拟方法分析有次筋的模块式加筋土挡墙性状，采用基于硬化塑性理论的 Cap yield 模型模拟填土。数值模拟结果表明，次筋的加入会使得模块式加筋土挡墙的墙面挠曲和主筋的最大应变减小，次筋对提高加筋土挡墙稳定性具有明显作用。

Mirmoradi 和 Ehrlich（2018）[66] 根据一模块式加筋土挡墙室内足尺试验建立数值模型，用于验证工作应力条件下对土工合成材料加筋土挡墙压实应力模拟的正确性。研究结果表明，当对每一层填土顶部施加条形荷载以模拟压实应力时，该数值模型的各项结果计算值与实测值吻合较好；结果的准确性取决于用于模拟压实应力的条形载荷的宽度；由于这类压实的模拟过程耗时较长，建议在每一土层的顶部和底部施加均布荷载对压实应力进行模拟以缩短时长。

Sadat et al.（2018）[67] 通过数值模拟研究模块式加筋土挡墙在墙面相对于加筋体发生下沉时的性状。数值模拟结果表明，墙面与加筋体的差异沉降会导致挡墙产生较大的竖向和水平位移，并引起侧向土压力和筋材应变增大；最大水平位移的位置以及侧向土压力明显增大的位置在墙趾上方 1.0m 处；差异沉降所导致的填土中潜在滑动面与水平面夹角为（45°+φ/2）；超载、填土摩擦角、筋材刚度、筋材长度和墙高对挡墙水平和垂直位移以及筋材应变有显著影响。

Zheng et al.（2018）[68] 对模块式加筋土挡墙式桥台的变形破坏行为进行了数值研究。采用非线性弹塑性本构模型模拟填土，采用双曲线拉力-应变-时间模型模拟土工格栅。桥台模型分层建立，对每层填土进行压实，模型建成后对其进行加载直至破坏。研究结果表明，筋材竖向间距、筋材刚度、填土摩擦角和加筋土挡墙高度对桥台变形和破坏影响显著；破坏面形状主要由桥台基座几何形状控制，可以近似为双曲线。Zheng et al.（2018）[69] 还用上述数值模型研究了模块式加筋土挡墙式桥台的筋材最大拉力，数值计算结果表明，筋材竖向间距和填土摩擦角对服务荷载作用下的挡墙筋材最大拉力影响显著；在挡墙破坏状态下，各层筋材最大拉力沿墙高呈 Y 形分布；挡墙无次筋时，筋材参数对 Y 形的筋材最大拉力分布影响不大，而桥台基座的尺寸对筋材最大拉力分布影响显著。

1.2.3　理论研究

1.2.3.1　外部稳定性

加筋土挡墙的外部失稳模式包括水平滑移、倾覆、地基承载力不足、深层滑动等 4 种，如图 1.2 所示[70-79]。目前，国内外设计规范采用相同的方法验算加筋土挡墙外部稳定性：首先假定加筋体为实体刚性墙，墙背土压力作用于筋材末端的平面上，然后根据极限平衡理论分别计算挡墙抗水平滑移、抗倾覆、地基承载力、抗深层滑动安全系数，并与规范规定的安全系数进行比较；当安全系数不满足规范要求时，可采用增加筋材长度或进行地基处理的办法解决。

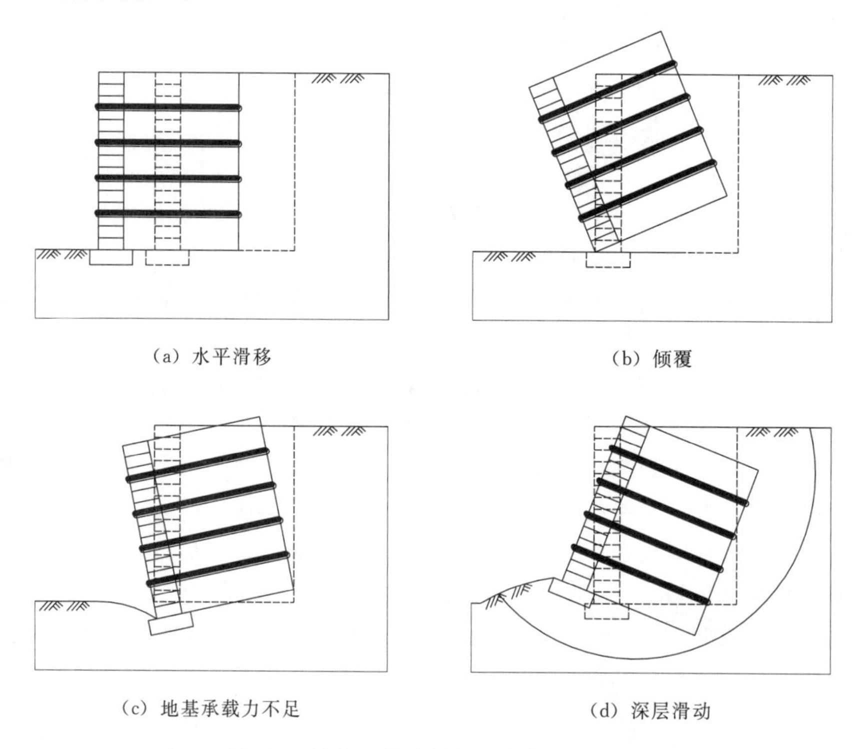

(a) 水平滑移　(b) 倾覆

(c) 地基承载力不足　(d) 深层滑动

图 1.2　加筋土挡墙外部失稳模式示意图

1.2.3.2 内部稳定性

AASHTO法[70-73] 和FHWA法[74-76] 采用极限平衡法计算加筋土挡墙在极限状态下，各层筋材在挡墙破坏面处的最大拉力（见图1.3），公式如下：

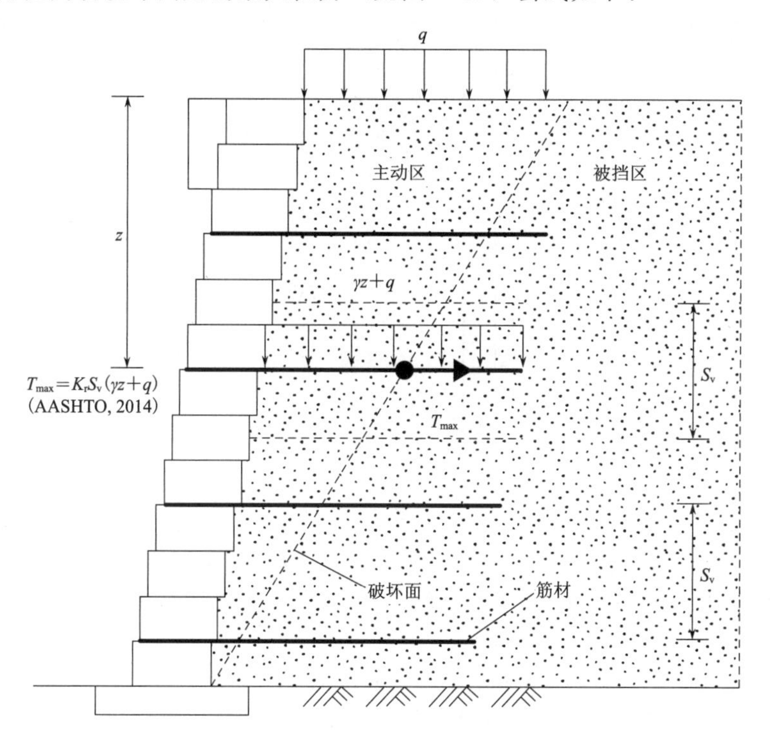

图1.3 筋材最大拉力示意图

$$T_{max}=K_rS_v(\gamma z+q) \tag{1.1}$$

式中：T_{max}为筋材最大拉力，N/m；S_v为筋材竖向间距，m；γ为填土重度，N/m^3；z为筋材埋深，即筋材距墙顶距离，m；q为附加荷载竖向压力，Da；K_r为关于库仑主动土压力系数K_a和z的函数。

AASHTO法中采用库仑土压力公式计算K_a：

$$K_a=\frac{\cos^2(\varphi+\omega)}{\cos^3\omega\cdot\left(1+\dfrac{\sin\varphi}{\cos\omega}\right)^2} \tag{1.2}$$

式中：φ为填土内摩擦角，(°)；ω为墙面仰角，(°)。

式(1.2)忽略了墙面与填土界面摩擦力的影响。对于筋材类型不同的加筋土挡墙，K_r与z的关系不同，如图1.4所示[70-76]。

NCMA法[80-81] 中筋材最大拉力计算公式如下：

$$T_{max}=(\gamma D_n+q)K_aA_c\cos(\delta-\omega) \tag{1.3}$$

式中：T_{max}为各层筋材最大拉力，N/m；γ为填土重度，N/m^3；A_c为个筋材分摊区域高度，m；D_n为A_c的中点距墙顶竖向距离，m；K_a为库仑土压力公式计算的主动土压力系数；δ为墙面与填土界面的摩擦角，(°)；ω为墙面仰角，(°)。

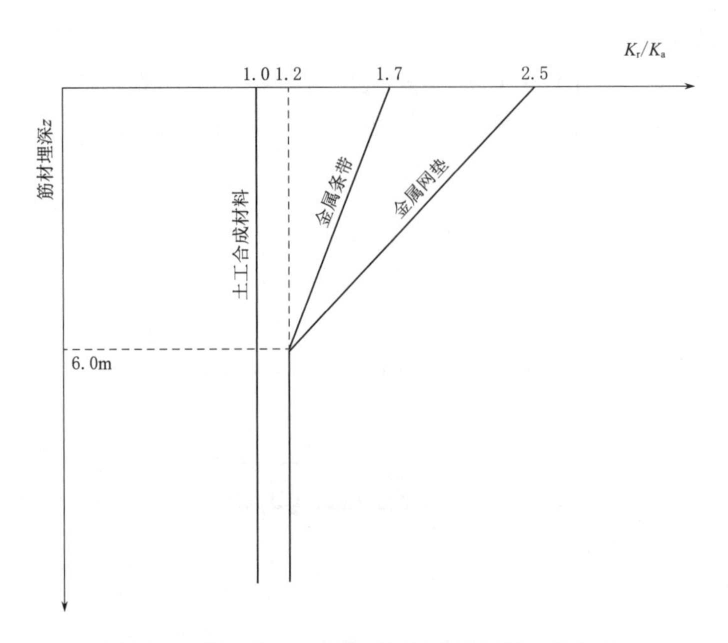

图 1.4 侧向土压力系数 K_r 与筋材埋深 z 的关系

相较于 AASHTO 法和 FHWA 法，NCMA 法考虑了墙面与填土界面摩擦对筋材拉力的影响。

Allen et al.（2003）[4] 将11个土工合成材料加筋土挡墙筋材拉力的现场实测结果与现有 AASHTO 法计算值对比，发现规范方法过于保守。认为极限平衡法假定挡墙水平土压力全部由筋材承担，忽略了墙面刚度、墙体和筋材刚度、墙面仰角、填土土性等对筋材拉力的影响，因此造成计算结果过于保守。由此提出了工作应力下的加筋土挡墙 K -刚度设计方法，该方法认为工作应力下加筋土挡墙的筋材拉力沿墙高呈梯形分布。Bathurst 和 Miyata et al.（2005，2007，2013）[82-84] 扩充了校准 K -刚度法的加筋土挡墙筋材拉力数据库，增加了原始数据库中缺少的黏性土作为填土的加筋土挡墙，并对原始 K -刚度法进行了修正，提高了其适用性，并用大量实测数据验证修正方法的正确性。

Allen 和 Bathurst（2015）[85] 提出的最新版本的 K -刚度法计算公式为

$$T_{max}=S_v[(\gamma_r HD_{tmax})+(H_{ref}/H)\gamma_f S]K_{avh}\Phi_{fb}\Phi_g\Phi_{fs}\Phi_{local}\Phi_c \tag{1.4}$$

式中：T_{max} 为每一层筋材的最大拉力，N/m；S_v 为筋材竖向间距，m；γ_r 为填土重度，N/m^3；H 为墙面高度，m；D_{tmax} 为筋材拉力分布系数；$H_{ref}=6$m；γ_f 为背坡填土重度，N/m^3；S 为墙顶附加荷载等效高度，m；K_{avh} 为墙面竖直时的侧向土压力系数；Φ_{fb} 为墙面仰角系数；Φ_g 为挡墙整体刚度系数；Φ_{fs} 为墙面刚度系数；Φ_{local} 为挡墙局部刚度系数；Φ_c 为填土黏聚力系数。

上述系数的计算公式为

$$\Phi_{fb}=\left(\frac{K_{abh}}{K_{avh}}\right)^d \tag{1.5}$$

$$\Phi_g=\alpha\left(\frac{S_{global}}{P_a}\right)^\beta \tag{1.6}$$

$$S_{\mathrm{global}}=\frac{\sum_{i=1}^{n}J_{\mathrm{i}}}{H} \tag{1.7}$$

$$\Phi_{\mathrm{fs}}=\eta\left(\frac{S_{\mathrm{global}}}{P_{\mathrm{a}}}F_{\mathrm{f}}\right)^{\kappa} \tag{1.8}$$

$$F_{\mathrm{f}}=\frac{1.5H^{3}P_{\mathrm{a}}}{Eb^{3}(S_{\mathrm{v}}/H)} \tag{1.9}$$

$$\Phi_{\mathrm{local}}=\left(\frac{S_{\mathrm{local}}}{S_{\mathrm{localave}}}\right)^{a} \tag{1.10}$$

$$S_{\mathrm{local}}=\frac{J_{\mathrm{i}}}{S_{\mathrm{v}}} \tag{1.11}$$

$$\Phi_{\mathrm{c}}=\mathrm{e}^{\lambda[c/(\gamma_{\mathrm{r}}H)]} \tag{1.12}$$

式中：K_{abh} 为墙面有仰角时的主动土压力系数，可用式（1.2）计算；K_{avh} 为 $\omega=0°$时的主动土压力系数；P_{a} 为一个标准大气压，Pa；J_{i} 为筋材刚度，N/m；E 为墙面弹性模量，Pa；b 为墙面宽度，m；S_{localave} 为 S_{local} 的平均值；c 为填土黏聚力，Pa。

式（1.5）～式（1.12）中的参数取值见表 1.1。

表 1.1　　K-刚度法公式中参数取值

参　数	取　值	参　数	取　值
d	0.4	a（土工合成材料挡墙）	0.5
α	0.16	a（金属条带挡墙）	0
β	0.26	λ	−16
η	0.57	C_{h}	0.4
κ	0.15	y	1.2

D_{tmax} 与 z 关系如图 1.5 所示，图中 z_{b} 按下式计算：

$$z_{\mathrm{b}}=C_{\mathrm{h}}\cdot H^{y}\cdot\Phi_{\mathrm{fb}} \tag{1.13}$$

式中参数取值见表 1.1。

Leshchinsky 和 Han et al.（1989，2006，2010，2014）[12,86-88] 提出了加筋土挡墙、边坡整体设计方法，即认为加筋土挡墙的筋材拉力也可以通过边坡稳定分析方法计算得出。该方法假设加筋体内部破坏面为一条对数螺旋线，通过圆弧滑动法计算出未加筋的挡墙达到规范要求的最小安全系数所需要的总加筋力，再按假定的筋材拉力沿墙高的分布将总加筋力分配给各层筋材。

Liu et al.（2014，2016，2017）[89-92] 针对硬质墙面加筋土挡墙在工作应力作用下的受力特性，提出了一种考虑墙趾约束作用的竖直墙面加筋土挡墙筋材拉力计算方法。该方法采用库仑主动土压力理论计算面板的侧向土压力，并通过统计分析得到筋材连接力分布形态，将其用于筋材连接力的计算中。通过墙面的受力和弯矩平衡，计算墙趾水平约束力，将墙趾约束力计算方法应用于竖向加筋土挡墙的筋材拉力分析。该方法计算公式为

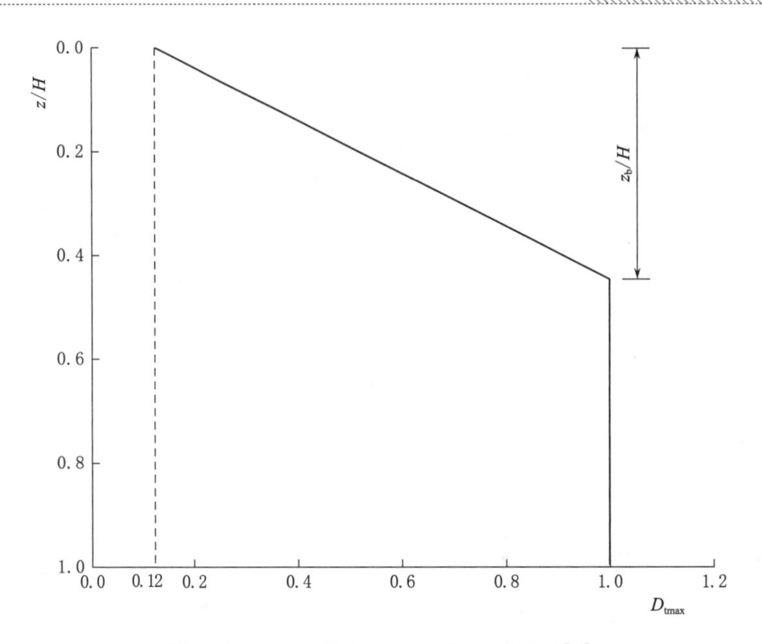

图 1.5　K -刚度法中 D_{tmax} 与 z 的关系[85]

$$T'=T-(p_{h}S_{v}-T_{con}) \tag{1.14}$$

$$T=T_{0}+\Delta T-\Delta T_{r} \tag{1.15}$$

$$\Delta T=\frac{J_{i}\mu_{t}(1+\mu_{t})\Delta\sigma_{z}}{(1+\mu_{t}^{2})J_{i}/S_{v}+E_{t}} \tag{1.16}$$

$$\Delta T_{r}=\frac{J_{0}\mu_{ur}(1+\mu_{ur})\Delta\sigma_{z}}{(1+\mu_{ur}^{2})J_{0}/S_{v}+E_{ur}} \tag{1.17}$$

$$\sum T_{con}(H-z_{i})=E_{a1}\cos\delta\frac{H}{3}+E_{a1}\cos\delta\frac{H}{2}-M_{b}-E_{0}h_{0}-E_{a}\sin\delta\frac{d}{2} \tag{1.18}$$

$$E_{a}=E_{a1}+E_{a2}\qquad E_{a1}=K_{a}\frac{1}{2}\gamma H^{2}\quad E_{a2}=K_{a}qH \tag{1.19}$$

式中：T'为各层筋材最大拉力，N/m；p_h 为墙背水平土压力，Pa；S_v 为筋材间距，m；T_{con} 为各层筋材连接力，N/m，T_{con} 可由按图 1.6 的分配方式将 $\sum T_{con}$ 进行分配得到；T_0 为筋材初始拉力，N/m；J_i 为筋材刚度，N/m；μ_t 为切线泊松比；$\Delta\sigma_z$ 为筋材上覆荷载增量，Pa；E_t 为切线弹性模量，Pa；J_0 为筋材初始刚度，N/m；μ_{ur} 为卸载再加载泊松比；E_{ur} 为卸载再加载弹性模量，Pa；δ 为墙背与填土间摩擦角，(°)；H 为墙高，m；d 为墙面厚度，m；E_0 为静止土压力，N/m；h_0 为静止土压力作用点距墙趾的垂直间距，m；M_b 为墙趾处力矩，N·m；γ 为填土重度，N/m^3；K_a 为库仑主动土压力系数；q 为上覆荷载，Pa。

Liu et al.（2014，2016，2017）[89-92] 所提出的筋材拉力计算方法较为复杂，需要 18 个参数方可计算出结果，且只适用于墙面竖直的加筋土挡墙。

上述文献表明，对于模块式加筋土挡墙的研究多集中在墙面、筋材和填土对挡墙性状的影响，对墙趾约束作用的研究较为有限。然而，有限的研究成果表明墙趾约束作用对挡墙内部稳定性影响显著，是模块式加筋土挡墙设计中一个不可忽视的因素。现有墙趾作用研究都是基于刚性地基上的加筋土挡墙，墙趾的水平约束由一个线弹性约束充当，这与实际情况显然不符，完全刚性的地基会放大墙趾对承担水平土压力的贡献，单一且不符合实际的墙趾约束条件令墙趾阻力与约束条件的关系也无从得知，并且忽略了基座-地基这一墙趾界面。因此，需要对实际地基上的模块式加筋土挡墙墙趾约束机理进行研究，并提出合理的挡墙内部稳定性设计方法。

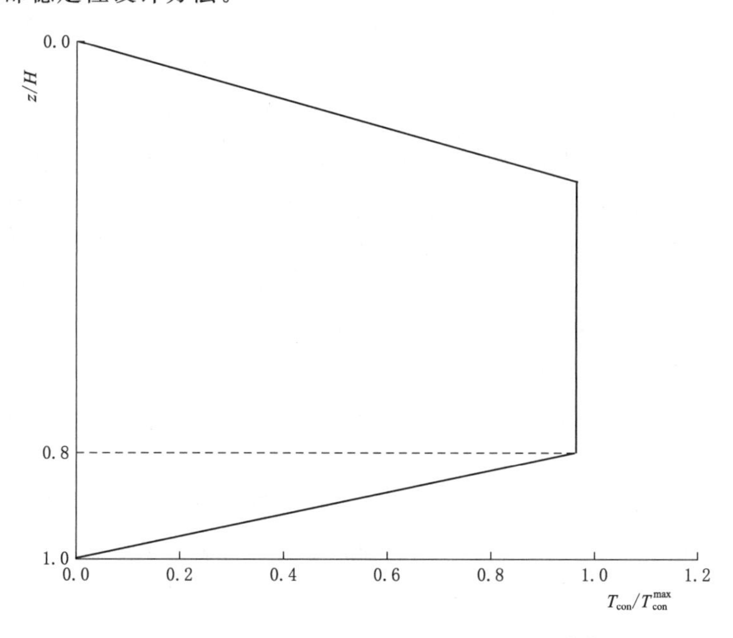

图 1.6 Liu 法中各层筋材连接力计算方法[92]

第2章 大型界面直剪试验

模块式加筋土挡墙的墙面由小尺寸的混凝土砌块堆叠干砌而成，模块之间通过插销或凹凸槽连接，最底层模块放置于素混凝土或碎石做成的水平基座上，在底层模块和水平基座之间以及水平基座和地基土之间存在两个墙趾界面。模块式加筋土挡墙墙面受到的水平土压力通过混凝土模块间的剪力键向下传递至墙趾，墙趾界面上由此产生的摩擦阻力与墙面处的筋材连接拉力一起平衡墙背水平土压力，通过这种方式，墙趾起到约束挡墙位移、减小筋材受力的作用[18]。实际工程中，模块-基座和基座-地基界面的摩擦角和剪切刚度会因混凝土墙面模块和水平基座表面粗糙度的不同以及地基土性质的不同而发生改变，即墙趾约束条件发生改变。已有数值模拟结果表明，改变墙趾约束刚度会影响墙趾界面承担荷载的能力[46]。

本章通过大型界面直剪试验，定量研究不同粗糙度的模块-地基界面和基座-地基界面的剪切特性，为研究墙趾界面约束条件对模块式加筋土挡墙性状及受力机制的影响提供界面试验参数。

2.1 试验方案

采用如图2.1所示的大型直剪试验仪对不同粗糙程度的模块-地基界面和基座-地基界面进行直剪试验。直剪仪的剪切盒尺寸为600mm×400mm×100mm（长×宽×高）。法向加载最大力为100kN。

图2.1 大型直剪试验仪

对2种不同粗糙度的模块-基座界面和2种不同粗糙度的基座-地基界面开展直剪试验，试验方案列于表2.1。

表2.1　　界面直剪试验方案

界面编号	实际界面	对应的墙趾界面
1	混凝土与混凝土界面	正常约束的模块-基座界面
2	混凝土与砂土界面	正常约束的基座-地基界面
3	粘贴聚四氟乙烯膜的混凝土与混凝土界面	光滑处理的模块-基座界面
4	粘贴聚四氟乙烯膜的混凝土与表面覆盖土工膜的砂土界面	光滑处理的基座-地基界面

由于水平基座多由素混凝土浇筑而成，故采用混凝土-混凝土界面模拟模块-基座界面。混凝土-混凝土界面的制作方法如图2.2所示，将两块尺寸与剪切盒相同的素混凝土板分别放于直剪仪上下盒中。

采用混凝土与砂土界面模拟基座-地基界面，制作方法如图2.3所示。砂土为中砂，最大、最小干密度分别为1.65g/cm^3、1.44g/cm^3，制样时将砂土压实至85%的相对密实度。

图2.2　混凝土-混凝土界面

图2.3　混凝土-砂土界面

为了使2种模块-基座界面的粗糙度相差较大，对混凝土-混凝土界面进行光滑处理，方法是将两块混凝土板相互接触的一面贴上聚四氟乙烯膜，如图2.4所示。

对混凝土-砂土界面也进行光滑处理以得到另一种粗糙度的基座-地基界面，方法是将一1.5mm厚的柔性土工膜（即柔性PP板）放置在砂土和粘贴了聚四氟乙烯膜的混凝土板之间，如图2.5所示。

分别在40kPa、80kPa、120kPa和160kPa的正应力下，以1mm/min的水平速度[23]对每个界面进行剪切试验。

图 2.4　光滑处理后的混凝土表面

图 2.5　光滑处理的混凝土-砂土界面

2.2　试验结果分析

2.2.1　正常约束的模块-基座界面

图 2.6 为正常约束的模块-基座界面剪应力与剪切位移的关系曲线。由图可见，在任一正应力下，随着剪切位移的增加，界面剪应力快速增大，达到峰值后，剪应力基本保持

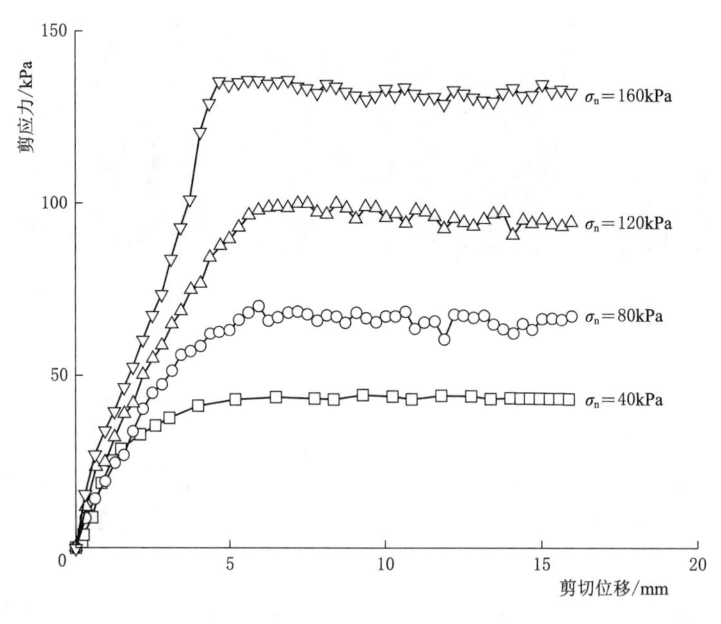

图 2.6　正常约束的模块-基座界面剪应力与剪切位移关系曲线

稳定。随着界面正应力的增加，界面峰值剪应力增大。图 2.7 给出了正常约束的模块-基座界面抗剪强度与正应力的关系曲线，由图可见该界面的摩擦角为 39°，黏聚力为 1kPa。

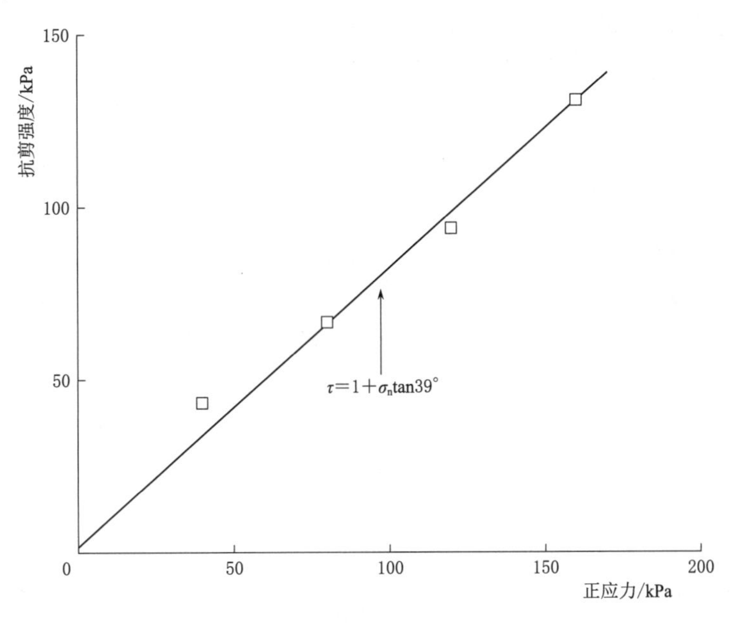

图 2.7 正常约束的模块-基座界面抗剪强度与正应力关系曲线

2.2.2 正常约束的基座-地基界面

图 2.8 所示为正常约束的基座-地基界面剪应力与剪切位移的关系曲线。与模块-基座界面相比，基座-地基界面的剪应力随剪切位移的增加较为缓慢，且没有清晰的峰值剪

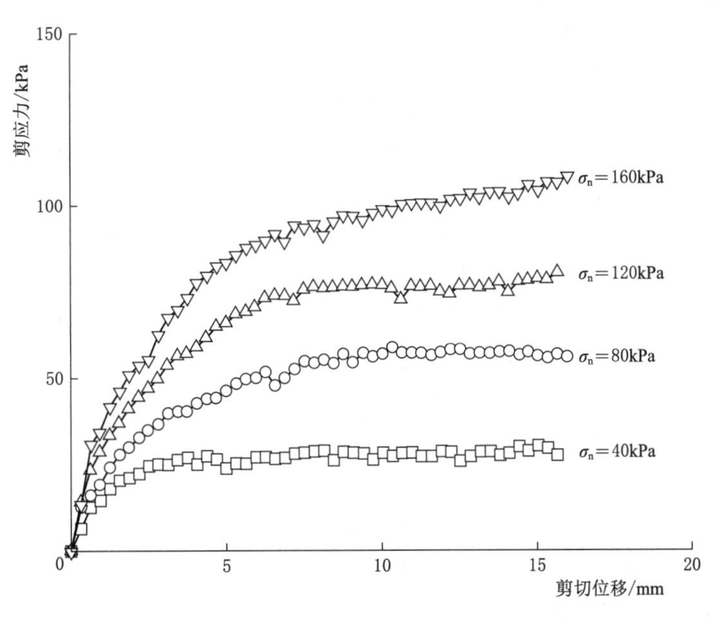

图 2.8 正常约束的基座-地基界面剪应力与剪切位移关系曲线

应力。图 2.9 给出了正常约束的基座-地基界面抗剪强度与正应力的关系曲线，由于该界面剪应力没有明显的峰值剪应力，故选择剪切位移为 15mm 时的剪应力作为该界面的抗剪强度。由图可见，基座-地基界面的摩擦角为 34°，黏聚力为 0.7kPa。

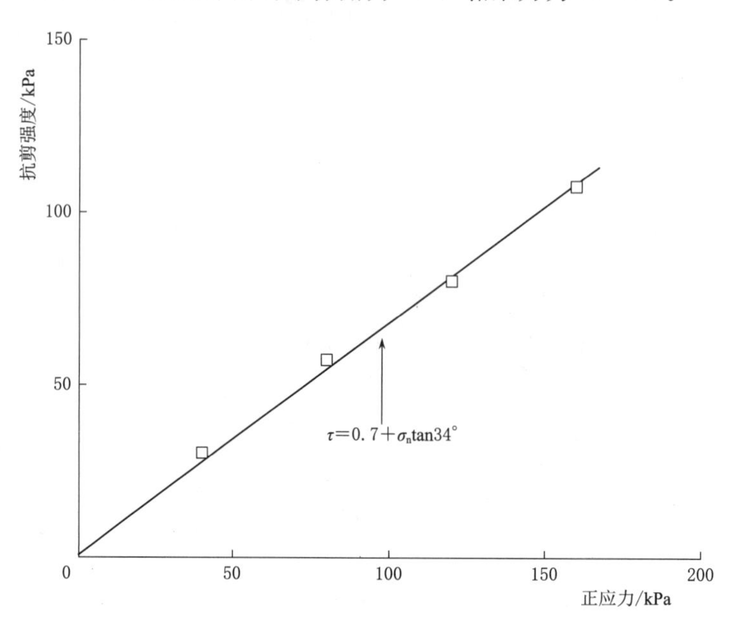

图 2.9　正常约束的基座-地基界面抗剪强度与正应力关系曲线

对比图 2.7 和图 2.9 可见，与模块-基座界面相比，同一正应力下基座-地基界面的抗剪强度较小，例如，在 160kPa 的正应力下，模块-基座界面抗剪强度为 130kPa，而基座-地基界面的抗剪强度为 110kPa。

2.2.3　光滑处理的模块-基座界面

图 2.10 所示为光滑处理的模块-基座界面剪应力与剪切位移的关系曲线。由图可见，模块-基座界面经光滑处理后，界面剪应力仍随剪切位移的增加而快速增大，达到峰值后变化较小。

图 2.11 给出了光滑处理的模块-基座界面抗剪强度与正应力的关系曲线。由图可见，模块-基座界面经光滑处理后，各正应力对应的界面抗剪强度显著减小，比如，在 160kPa 的正应力下，正常约束的模块-基座界面抗剪强度为 130kPa，光滑处理后，该界面抗剪强度减小为 35kPa。光滑处理后，模块-基座界面摩擦角为 13°，黏聚力为 0.5kPa。

对模块-基座界面进行光滑处理后，模块-基座界面摩擦角为 13°，黏聚力为 0.5kPa，界面摩擦角不为 0°，可见界面并不是完全光滑的。将界面摩擦角按下式转化为摩擦系数：

$$f=\tan\varphi_i \tag{2.1}$$

式中：f 为界面摩擦系数；φ_i 为界面摩擦角，(°)。

经光滑处理后，模块-基座界面的摩擦系数由 0.81 减小至 0.23，即其摩擦系数减小至正常约束情况的 1/4。

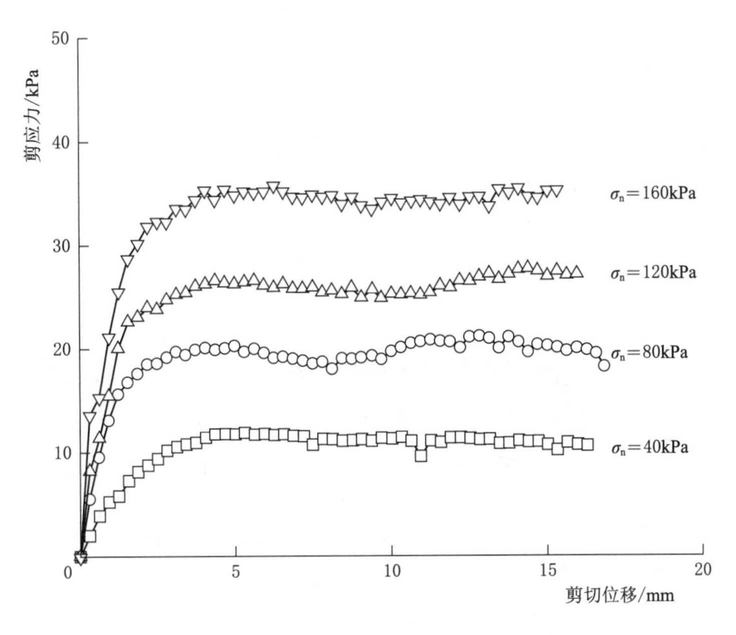

图 2.10 光滑处理的模块-基座界面剪应力与剪切位移关系曲线

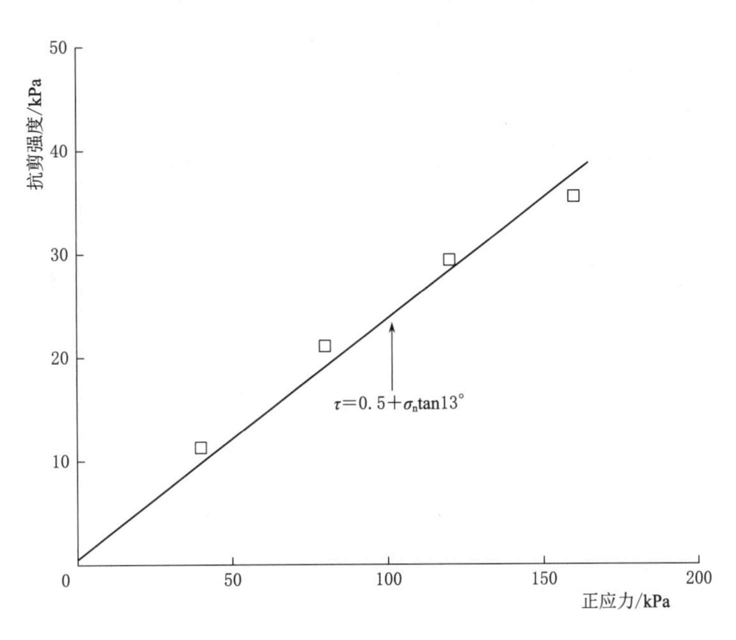

图 2.11 光滑处理的模块-基座界面抗剪强度与正应力关系曲线

2.2.4 光滑处理的基座-地基界面

图 2.12 所示为光滑处理的基座-地基界面剪应力与剪切位移的关系曲线。由图可见，随剪切位移增加，光滑处理后的基座-地基界面剪应力增大较为缓慢，这与正常约束的基座-地基界面剪应力增长规律一致。然而，不同于正常约束的基座-地基界面，该界面峰值

剪应力清晰，这应是土工膜增大了砂土表面刚度造成的。

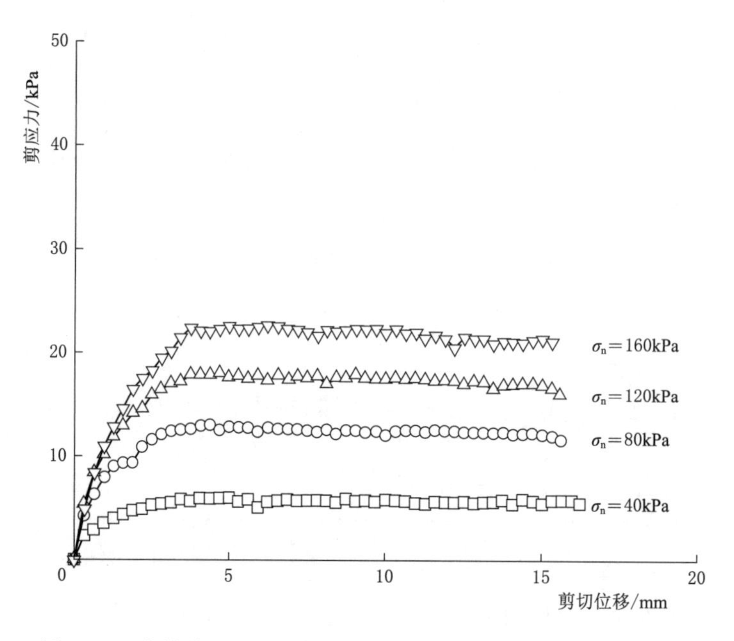

图 2.12　光滑处理的基座-地基界面剪应力与剪切位移关系曲线

图 2.13 给出了光滑处理的基座-地基界面抗剪强度与正应力的关系曲线。由图可见，与正常约束的基座-地基界面相比，光滑处理后的基座-地基界面抗剪强度显著减小，比如，在 160kPa 的正应力下，正常约束的基座-地基界面抗剪强度为 110kPa，光滑处理后，该界面抗剪强度减小为 23kPa。

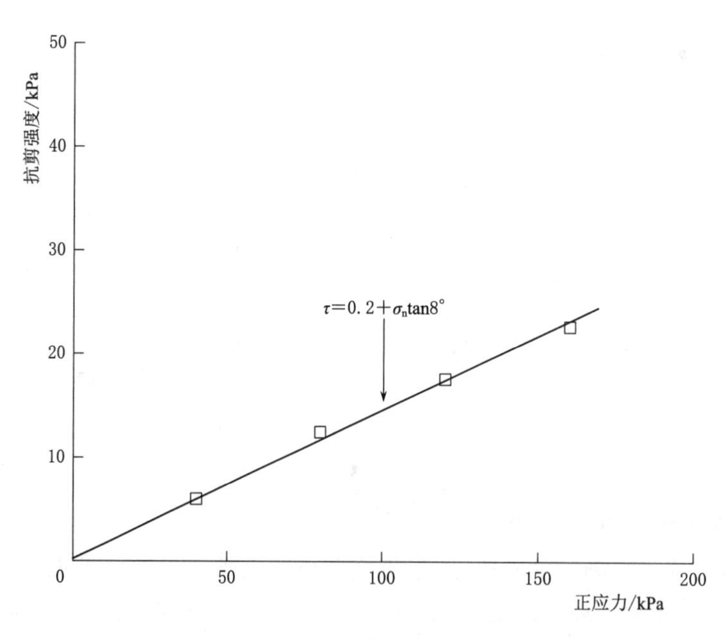

图 2.13　光滑处理的基座-地基界面抗剪强度与正应力关系曲线

对基座-地基界面进行光滑处理后，基座-地基界面的摩擦角为 8°，黏聚力为 0.2kPa，同光滑处理的模块-基座界面一样，光滑处理的基座-地基界面也并不是完全光滑的。经光滑处理后，基座-地基界面的摩擦系数由 0.67 减小至 0.14，即其摩擦系数减小至正常约束情况的 1/5。

2.2.5 不同界面剪切刚度比较

图 2.14 所示为以上 4 种墙趾界面的剪切刚度与正应力关系曲线。Bathurst et al.(2007)[23] 在关于模块式加筋土挡墙墙面模块界面剪切特性的研究中建议选取剪切位移为 2mm 时的剪应力与剪切位移的比值作为界面剪切刚度，本书采用此方法确定界面剪切刚度。由图 2.14 可见，各界面剪切刚度均随界面正应力的增加而增大。同一正应力下，光滑处理的基座-地基界面、光滑处理的模块-基座界面、基座-地基界面和模块-基座界面的剪切刚度依次增大，可见墙趾界面剪切刚度随界面摩擦角或抗剪强度的增大而增大。

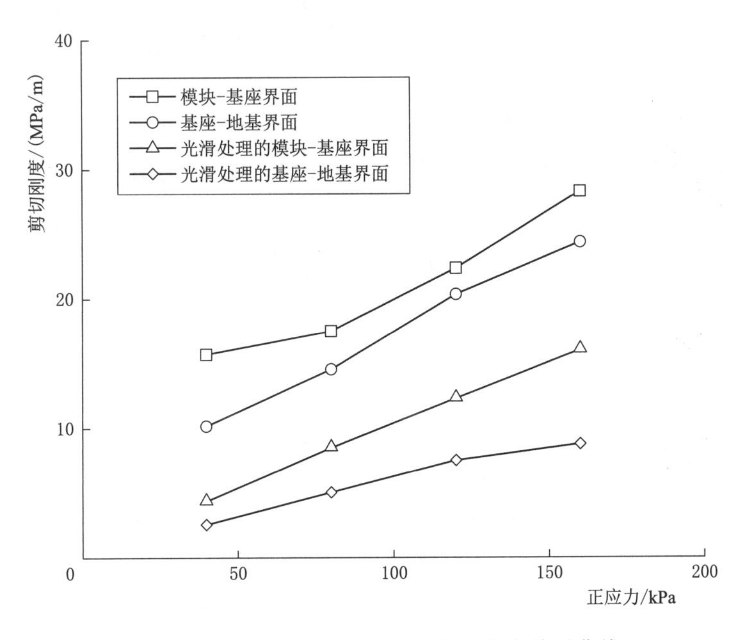

图 2.14 墙趾界面的剪切刚度与正应力关系曲线

2.2.6 模块-基座界面剪切刚度计算模型

研究模块式加筋土挡墙的墙趾约束作用，墙趾界面剪切刚度是一个重要参数。图 2.14 表明墙趾界面正应力和摩擦角的改变会引起界面剪切刚度的变化，而墙趾界面正应力 σ_n 由挡墙高度 H 决定，σ_n 与 H 的关系为

$$\sigma_n = H\gamma_b \tag{2.2}$$

式中：γ_b 为混凝土模块重度，N/m^3。

在实际工程中，墙高是确定的，混凝土模块表面摩擦角或摩擦系数也是较为易得的参数，而界面剪切刚度不易直接测得，鉴于这种情况，可采用本章大型直剪试验获得的混凝土-混凝土界面和混凝土-砂土界面剪切刚度与正应力和界面摩擦角的对应关系，建立模块-基座界面的剪切刚度计算模型。

将正常约束的混凝土-混凝土界面、光滑的混凝土-混凝土界面和光滑的混凝土-砂土界面这 3 种界面作为模块-基座界面的 3 种不同粗糙状态，值得注意的是，考虑到混凝土与砂土之间放置了土工膜，土工膜可增加砂土表面刚度，因此光滑处理的混凝土-砂土界面也可视为一种光滑的混凝土-混凝土界面。将 3 种粗糙度的模块-基座界面在不同正应力下的剪切刚度绘制于图 2.15 中，以获得模块-基座界面剪切刚度与摩擦角的关系。图 2.15 (a) 给出了不同正应力下模块-基座界面摩擦角与剪切刚度的关系，可用对数函数表示：

$$\frac{K_{st} \cdot H}{P_a} = \chi(\sigma_n)\ln(\tan\varphi_t) + \eta(\sigma_n) \tag{2.3}$$

式中：K_{st} 为模块-基座界面剪切刚度，Pa/m，用 H 和 P_a 对剪切刚度作了无量纲处理；H 为墙面高度，m，与模块-基座界面正应力的关系为 $H=\sigma_n/\gamma_b$（γ_b 为混凝土模块重度，N/m^3）；P_a 为一个标准大气压，Pa；$\chi(\sigma_n)$、$\eta(\sigma_n)$为拟合函数；φ_t 为模块-基座界面摩擦角，(°)。

由图 2.15 (a) 可见，$\chi(\sigma_n)$、$\eta(\sigma_n)$的值均随 σ_n 的增加而增大。为得到 $\chi(\sigma_n)$、$\eta(\sigma_n)$与 σ_n 之间的确切关系，将不同 σ_n 对应的 $\chi(\sigma_n)$、$\eta(\sigma_n)$的值绘制于图 2.15 (b) 中，并用多项式函数表示其关系：

$$\chi(\sigma_n) = a_1\left(\frac{\sigma_n}{P_a}\right)^2 + b_1\left(\frac{\sigma_n}{P_a}\right) + c_1 \tag{2.4}$$

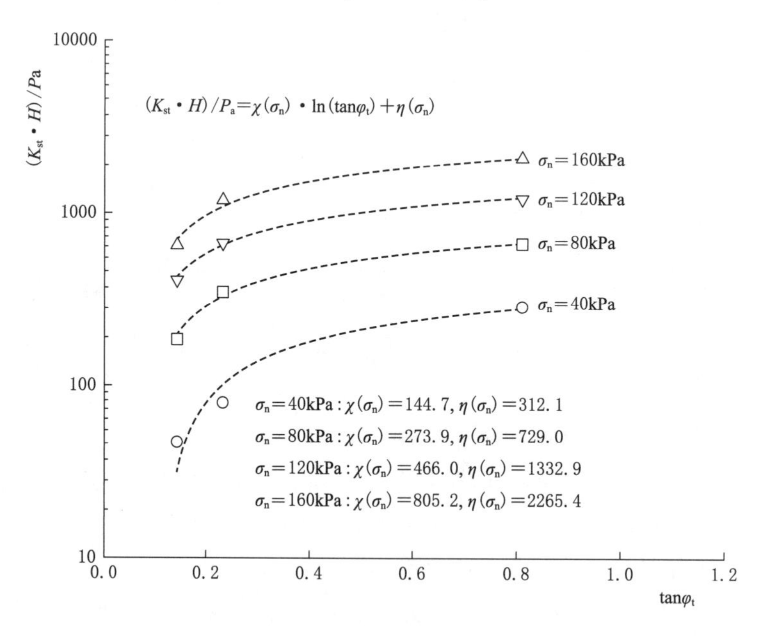

(a) 剪切刚度与摩擦角的关系

图 2.15（一）　墙趾界面剪切刚度与摩擦角和正应力的关系曲线

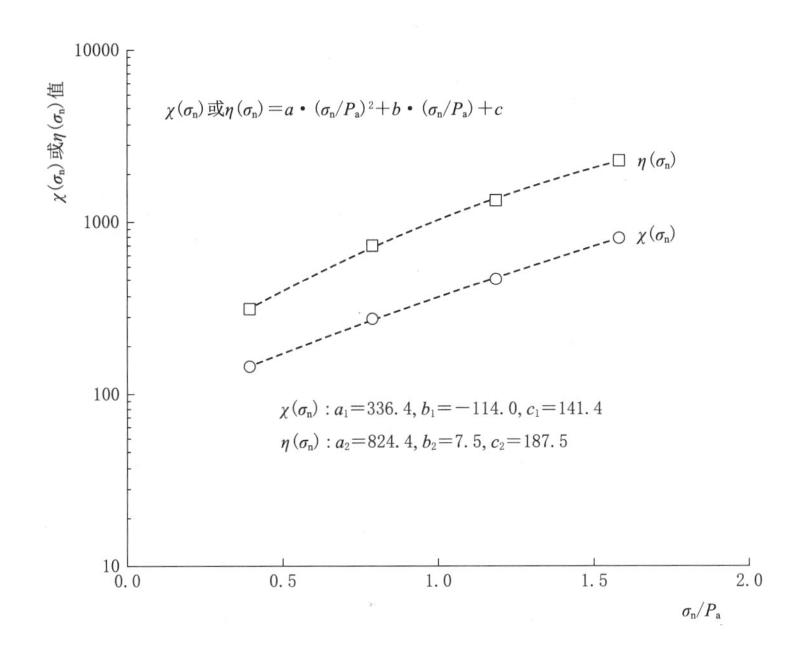

(b) 拟合函数与正应力的关系

图 2.15（二） 墙趾界面剪切刚度与摩擦角和正应力的关系曲线

$$\eta(\sigma_n)=a_2\left(\frac{\sigma_n}{P_a}\right)^2+b_2\left(\frac{\sigma_n}{P_a}\right)+c_2 \tag{2.5}$$

式中：用一个标准大气压 P_a 将 σ_n 无量纲化；a_1、a_2、b_1、b_2、c_1、c_2 均为拟合参数。

式（2.3）～式（2.5）为墙趾界面剪切刚度计算模型，该计算模型的输入参数为墙趾界面正应力和摩擦角，模型系数列于表 2.2。

表 2.2　　模块-地基界面剪切刚度计算模型系数取值

系　数	取　值	系　数	取　值
a_1	336.4	b_2	7.5
a_2	824.4	c_1	141.4
b_1	−114.0	c_2	187.5

已知 σ_n 与 H 的关系式，以及混凝土模块的密度一般为 2200kg/m^3，即混凝土模块的重度为 21.6kN/m^3，可建立模块-基座界面剪切刚度 K_{st} 与墙高 H、模块-基座界面摩擦角 φ_t 的一一对应关系，如图 2.16 所示。

图 2.16 中给出了 φ_t 为 5°至 45°范围内、H 为 3m 至 10m 范围内 K_{st} 的值，超出此范围的 K_{st} 值可由式（2.3）～式（2.5）计算得出。由图 2.16 可见，模块-基座界面剪切刚度随界面摩擦角或墙高的增大而增大。随着界面摩擦角增大，剪切刚度增大速度加快，而随着墙高增大，界面剪切刚度增大的速率较为稳定。

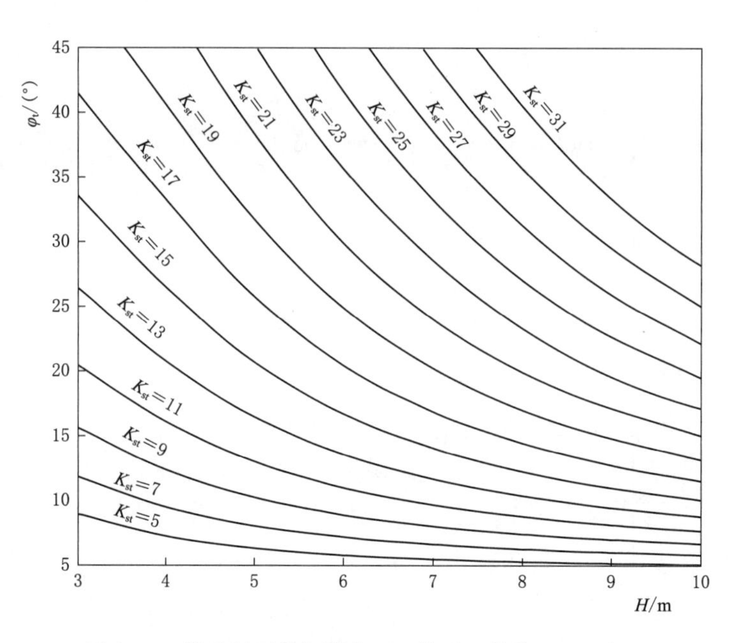

图 2.16　墙趾界面剪切刚度 K_{st} 模型（单位：MPa/m）

第3章 不同墙趾约束条件下模块式加筋土挡墙离心模型试验

模块式加筋土挡墙墙趾可与筋材一起承担墙背水平土压力，起到约束挡墙位移、减小筋材受力的作用。Bathurst et al.（2000）[18] 开展了3.6m高模块式加筋土挡墙足尺试验，试验中底层模块搁置在水平滚轴上，并在其侧向设置刚性测力环以测试墙趾的水平受力，试验结果表明，在挡墙完工时墙趾和筋材分别承担了约82%和18%的墙背水平土压力。然而，Leshchinsky et al.（2007，2012）[20,93] 认为，该试验对墙趾施加了恒定刚度约束，且地基是刚性的，这与实际情况不符，会放大墙趾约束作用，实际工程中，墙趾可能会沿着底层模块-水平基座界面和水平基座-地基土界面中剪切刚度较低的界面滑移。

实际工程中，墙趾约束条件会因混凝土墙面模块和水平基座表面粗糙度的不同以及地基土性质的不同而发生改变。Huang et al.（2010）[46] 通过数值模拟方法研究了刚性地基上模块式加筋土挡墙底层模块的侧向约束刚度改变对模块式加筋土挡墙内部稳定性的影响，发现当约束刚度较大时，筋材拉力沿墙高呈 K -刚度法所认为的梯形分布，但当约束刚度很小、接近于0时，筋材拉力沿墙高近似呈顶部小、底部大的三角形分布。然而该研究基于刚性地基，缺少完整的墙趾结构，不能考虑墙趾界面剪切特性对挡墙内部稳定性的影响。

本书共设计了4组不同的墙趾约束条件，分别为墙趾正常约束、仅对模块-基座界面作光滑处理、仅对基座-地基界面作光滑处理，以及对基座-地基界面作光滑处理且将基座前方土体挖除，对这4组不同墙趾约束条件的模块式加筋土挡墙开展离心模型试验，以进一步研究墙趾约束条件对挡墙内部稳定性的影响。

3.1 离心模型试验

3.1.1 模型尺寸与试验方案

采用同济大学TLJ－150复合型岩土离心机（见图3.1）进行模块式加筋土挡墙离心模型试验，离心机的主要参数指标列于表3.1。

表3.1 离心机主要参数指标

项　目	指　标	项　目	指　标
最大容量	150g·t	加速度控制精度	≤0.185%F·S
最大离心加速度	200g	加速度稳定精度	－0.035%F·S～0.025%F·S

续表

项　　目	指　　标	项　　目	指　　标
最大荷载	750kg（加速度为 200g 时）	主机连续工作时间	24h
有效半径	3m	集流环	129 环
拖动功率	250kW		

图 3.1　同济大学 TLJ－150 复合型岩土离心机

模拟的原型模块式加筋土挡墙高度为 3.6m，墙面仰角 8°，筋材长 2.52m，筋材竖向间距 600mm，墙面模块宽 600mm，高 600mm，水平基座宽 1200mm，高 500mm。试验模型箱尺寸为 600mm×400mm×500mm（长×宽×高），根据模型箱与原型挡墙尺寸大小，选定模型率 $N=20$，模型尺寸如图 3.2 所示。

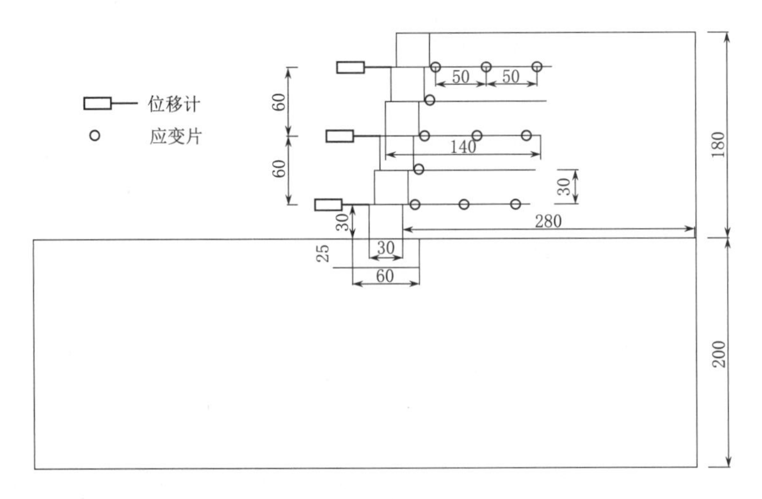

图 3.2　挡墙示意图（单位：mm）

共进行4组墙趾约束条件不同的试验，试验方案列于表3.2。W1对模块-基座和基座-地基界面不作处理，即墙趾正常约束。W2和W3采用聚四氟乙烯膜分别对模块-基座界面和基座-地基界面作光滑处理，即试验中分别忽略这两个墙趾界面的约束作用，以研究其对挡墙内部稳定性究竟有何影响。模型W4在W3的基础上，将基座前方的土体挖除，即对基座不作埋置。

表3.2　试验方案

模型	墙趾约束条件		
	模块-基座界面	基座-地基界面	基座
W1	正常	正常	埋置
W2	光滑处理	正常	埋置
W3	正常	光滑处理	埋置
W4	正常	光滑处理	不埋置

W4模拟的是一种挡墙墙趾受到冲刷的极端情况。对于建造在河岸、山区等地的加筋土挡墙，其墙趾可能会受到洪水或泥石流等的冲刷而被掏空[94]，如图3.3所示。

3.1.2 试验材料与制备

3.1.2.1 填土与地基土

模型挡墙填土与地基土均采用建筑黄砂，也是第2章中混凝土-砂土界面所采用的砂土。图3.4所示为该黄砂颗粒级配曲线，该砂平均粒径为0.39mm，不均匀系数为1.83，曲率系数为1.06。该砂最大、最小干密度分别为1.65g/cm^3、1.44g/cm^3。在建造模型时，控制填土与地基的相对密度分别为65%和85%，对应的密度分别为1.57g/cm^{3}和1.62g/cm^3。

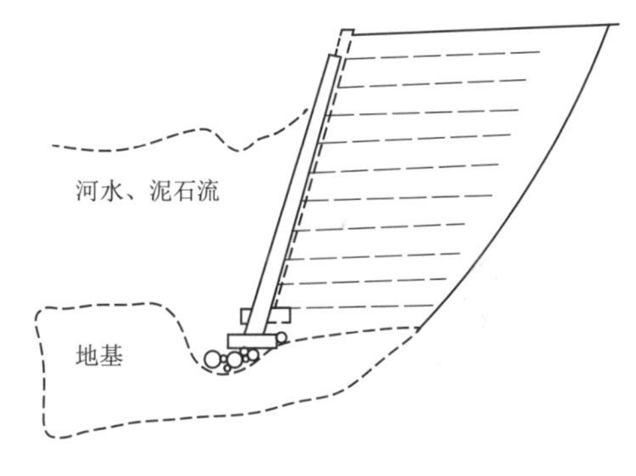

图3.3　加筋土挡墙墙趾受冲刷示意图

分别在65%和85%的相对密度下，对该砂土开展直剪试验，得到的应力-应变关系如图3.5所示，由图可见，65%和85%相对密度下黄砂应力-应变曲线差别不大。图3.6为该黄砂在不同相对密度下的抗剪强度和正应力关系曲线，由图可见，填土和地基的内摩擦角分别为36°和38°，黏聚力接近于0。

3.1.2.2 筋材

模型筋材选用尼龙灰窗纱，采用拉伸试验机对6个模型筋材试样按照《土工合成材料应用技术规范》（GB/T 50290—2014）要求[77]进行宽条拉伸试验，如图3.7所示。图3.8为模型筋材的拉伸试验曲线，6个试样的平均极限抗拉强度为2.51kN/m，5%伸长率下的平均拉伸强度为0.91kN/m，则刚度（5%伸长率下的拉伸强度与伸长率之比）为18.0kN/m。测量值乘以模型率得到原型筋材的极限抗拉强度为50.2kN/m，刚度为360kN/m。

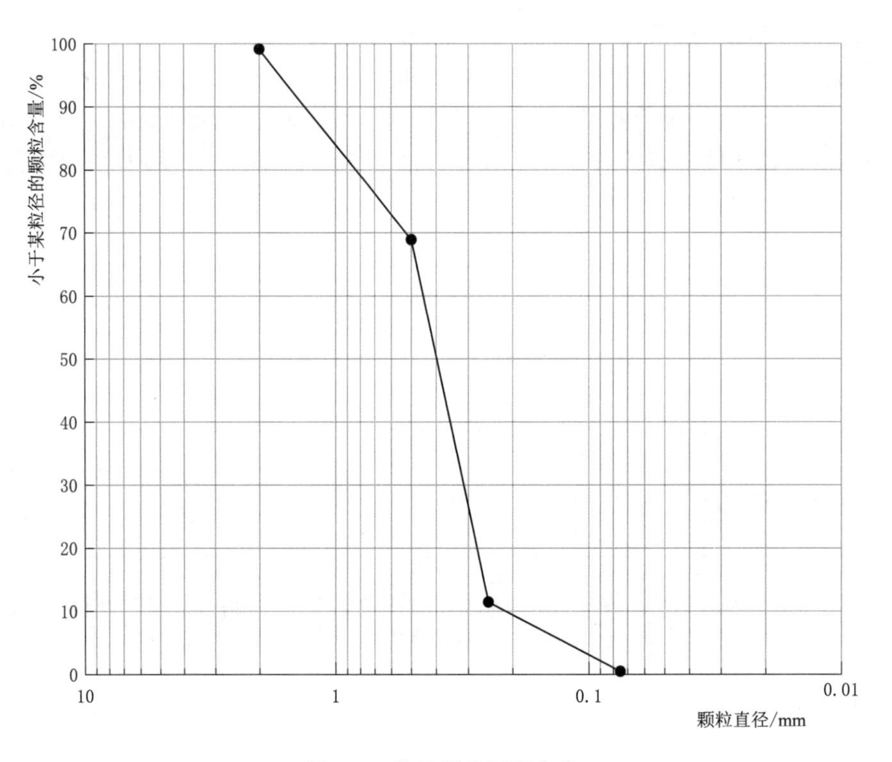

图 3.4　黄砂颗粒级配曲线

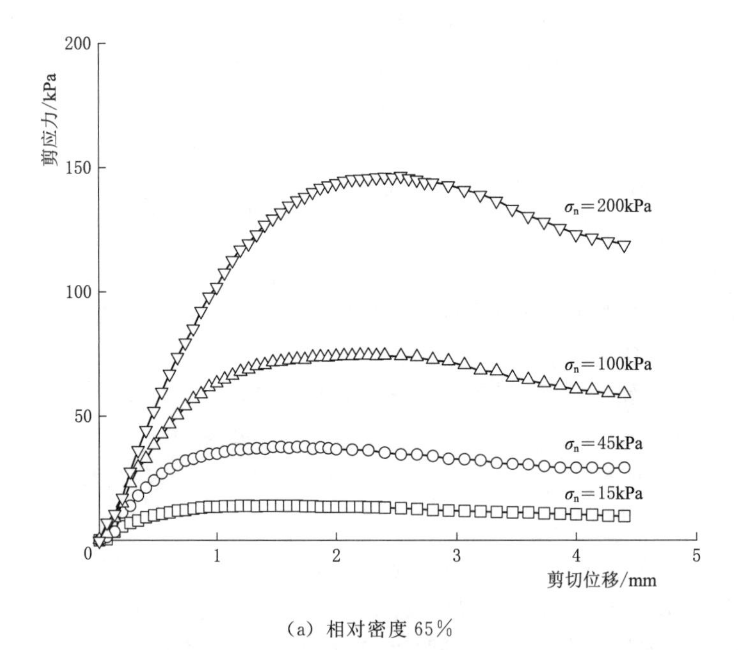

(a) 相对密度 65%

图 3.5（一）　不同相对密度下黄砂应力-应变关系曲线

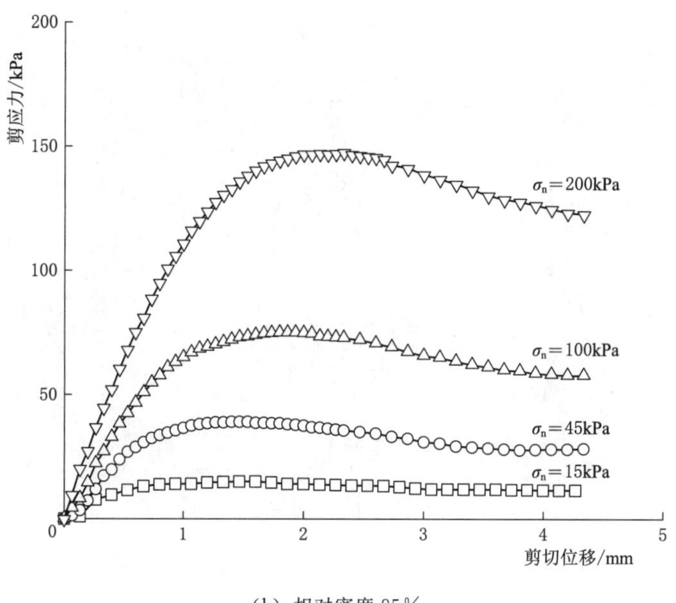

(b) 相对密度 85%

图 3.5（二） 不同相对密度下黄砂应力-应变关系曲线

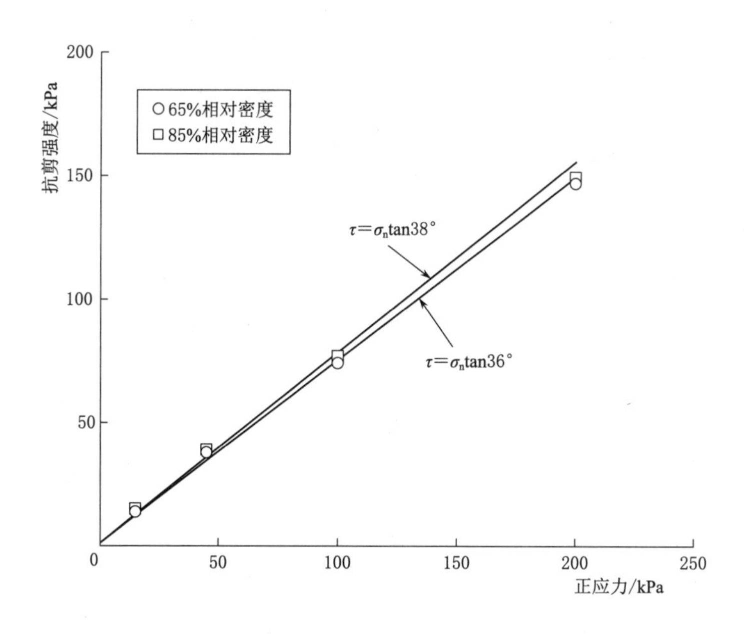

图 3.6 不同相对密度下黄砂抗剪强度-正应力关系曲线

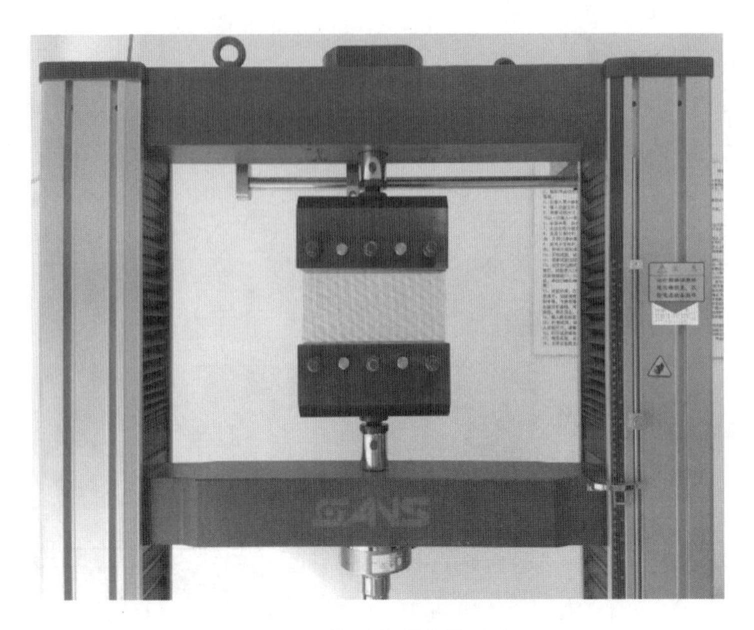

图 3.7　模型筋材拉伸试验

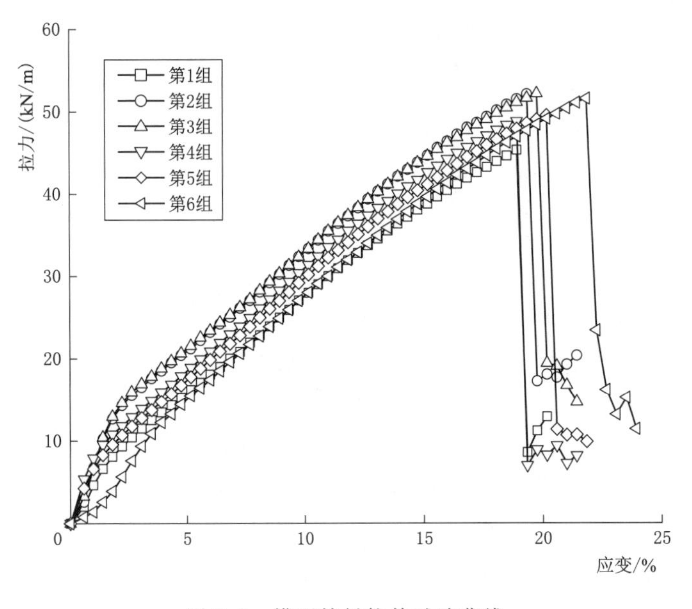

图 3.8　模型筋材拉伸试验曲线

采用大型直剪试验仪对模型筋材进行拉拔试验以研究筋土界面摩擦特性，试验装置如图 3.9 所示。剪切仪试验箱的内壁尺寸为 600mm×400mm×200mm（长×宽×高），在拉拔端侧壁半高处设有开缝，用于筋材引出。试验箱填土与离心模型试验挡墙填土一致，并压实至与挡墙填土相同的密实度。开展 4 组正应力分别为 10kPa、30kPa、50kPa 和

70kPa 的拉拔试验。模型筋材在填土内的埋设深度为 150mm，拉拔速率为 1.0mm/min[95]。根据拉拔试验结果，得到筋土界面剪切刚度为 1.0MPa/m。筋土界面抗剪强度和正应力关系如图 3.10 所示，由图可见筋土界面摩擦角为 24°，黏聚力为 0。

图 3.9 模型筋材拉拔试验

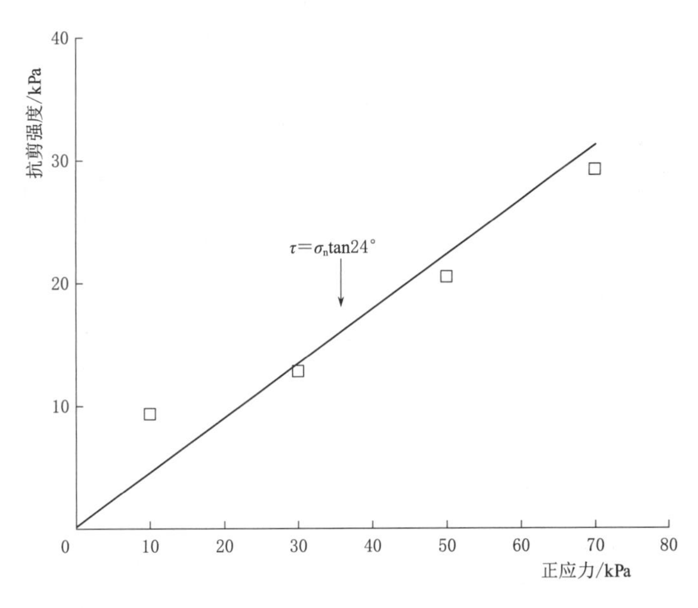

图 3.10 模型筋材拉拔试验曲线

3.1.2.3 墙面模块与水平基座

墙面模块和水平基座是由水泥砂浆浇筑而成的素混凝土块体，如图 3.11 所示。模块尺寸为 30mm×30mm×50mm（高×宽×长），底部有凹槽，顶部有与凹槽相契合的凸起，用于模拟实际模块式挡墙墙面模块之间的剪力键。水平基座尺寸为 25mm×60mm×100mm（高×宽×长）。

图 3.11　墙面模块与水平基座

3.1.3　模型挡墙制作

在模型箱有机玻璃视窗内壁与墙面混凝土模块、基座接触位置，以及模块、基座接触箱壁的两个侧面粘贴聚酯（PET）透明塑料膜，在模型箱其余 3 个内壁上涂抹凡士林，并粘贴聚四氟乙烯膜，使得试验过程中基座和面板与箱壁间为膜间摩擦以减小边界效应。

同样，采用聚四氟乙烯膜和土工膜对模块-基座和基座-地基界面分别作光滑处理，如图 3.12（a）和（b）所示。

(a) 模块-基座界面

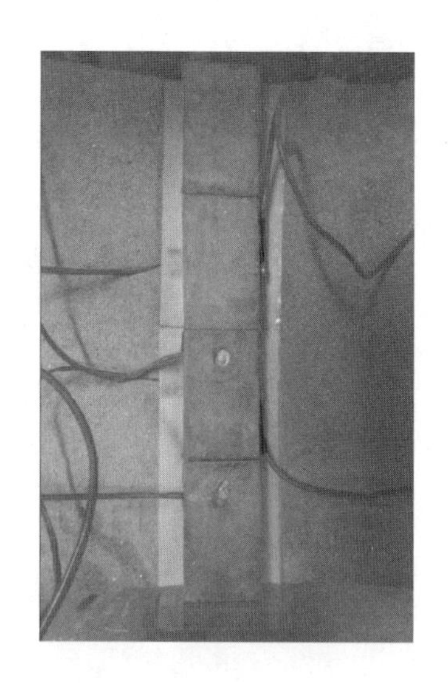

(b) 基座-地基界面

图 3.12　墙趾界面光滑处理

模型挡墙建造过程如下：

（1）采用砂雨法制备模型地基土，控制密度为 1.62g/cm^3。

（2）埋置水平基座并用软毛刷子轻扫基座表面使其洁净。

（3）放置第一层墙面模块，之后铺设模块对应高度的填土，用橡皮锤进行压实，控制填土密度为 1.57g/cm^3，然后铺设筋材，如此往复，直至挡墙填筑完成。

模型挡墙的建造过程和完成后的挡墙 W1 如图 3.13 所示。

（a）埋置水平基座

（b）铺设第一层墙面模块和墙后填土

图 3.13（一） 模型挡墙建造过程

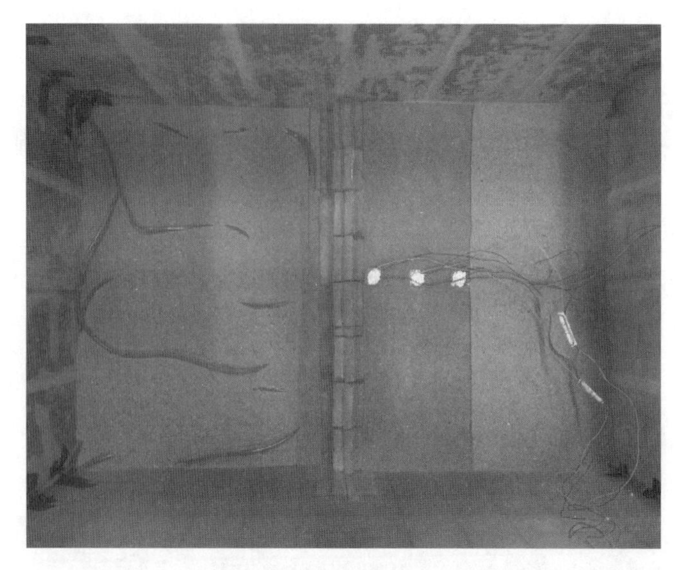

(c) 铺设筋材

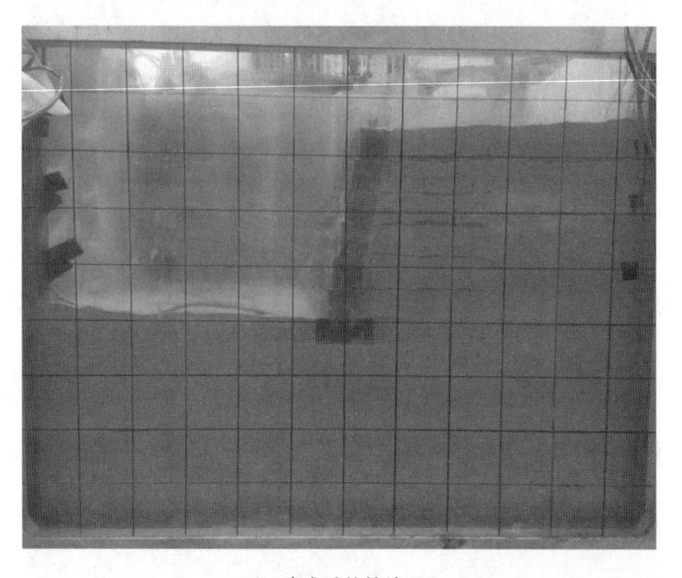

(d) 建成后的挡墙 W1

图 3.13（二） 模型挡墙建造过程

3.1.4 监测元件布置和试验过程

如图 3.2 所示，在挡墙中间墙面位置沿墙高布置了 3 个差动式位移传感器，以测试挡墙墙面水平位移。差动式位移传感器型号为 YWC－5，量程为±50mm。模型玻璃视窗一侧安装同步相机对模型挡墙进行摄像，用以图像分析。位移计和相机布置如图 3.14 所示。

在每层筋材与墙面连接处粘贴电阻式应变片，以测试筋材与墙面间连接应变（拉力）；

在由下而上第1、3、5层筋材上又各增加2个应变片，以测试筋材内部的应变（拉力），如图3.2所示。应变片型号为BX120－2BB。粘贴应变片前，先在尼龙窗纱表面采用环氧树脂浇出一个边长为15mm的正方形薄层作为传力介质，再在其上粘贴应变片并焊接电线，之后用硅橡胶覆盖应变片以保护其不受砂粒棱角破坏。粘贴应变片后的模型筋材如图3.13（c）所示。

（a）位移计

（b）相机

图3.14　位移计和相机位置

4组试验模型的加速度均由0匀速增加到$20g$，之后保持$20g$的加速度直到各测量元件的数据曲线达到稳定。

3.2 试验结果分析

3.2.1 挡墙变形

图3.15所示为4组挡墙模型在试验结束后的变形情况，图中虚线为试验前挡墙轮廓线。由图可见，在离心模型尺度下，试验后的W1和W3几乎看不出有变形产生，而W2和W4的中下部墙面有相对较明显的向外突出。

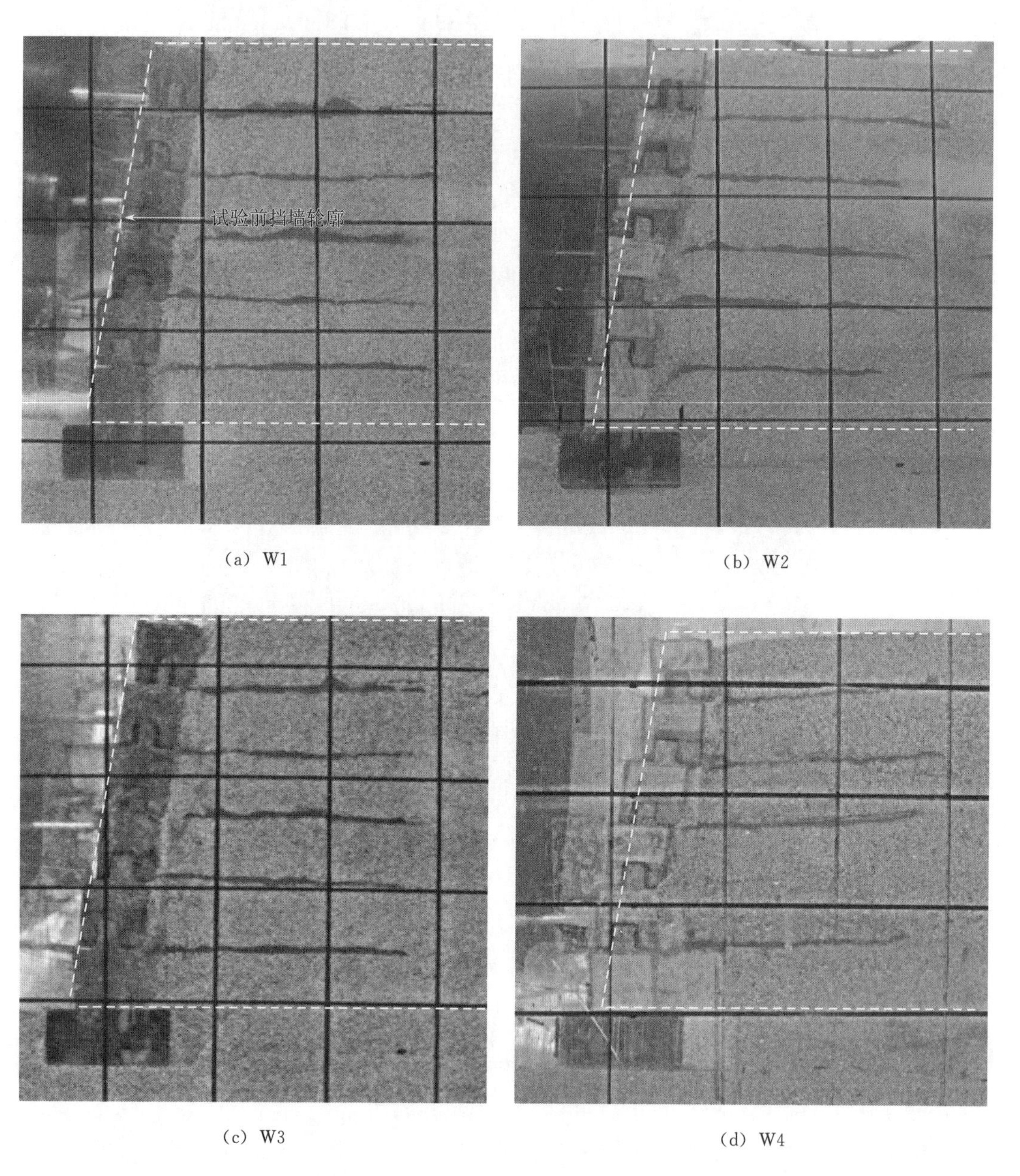

(a) W1　(b) W2　(c) W3　(d) W4

图3.15 试验结束后挡墙模型变形情况

对图 3.15 进行图像处理，分析墙面每一模块（基座）半高处相对试验前所产生的水平位移，并按离心模型率 $N=20$ 还原成原型墙面（基座）水平位移，绘制于图 3.16 中。图 3.16 中纵坐标 0 点处为挡墙底面，紧邻其上的标记点表示底层模块所产生的水平位移，其下标记点表示基座所产生的水平位移。图中另加上在挡墙中间沿墙高布置的差动式位移计量测的墙面水平位移。可以看到，各组挡墙墙面水平位移的图像分析值与位移计测值均较为接近，这说明试验中所采取的消除侧壁摩阻的措施起到了预期的效果。

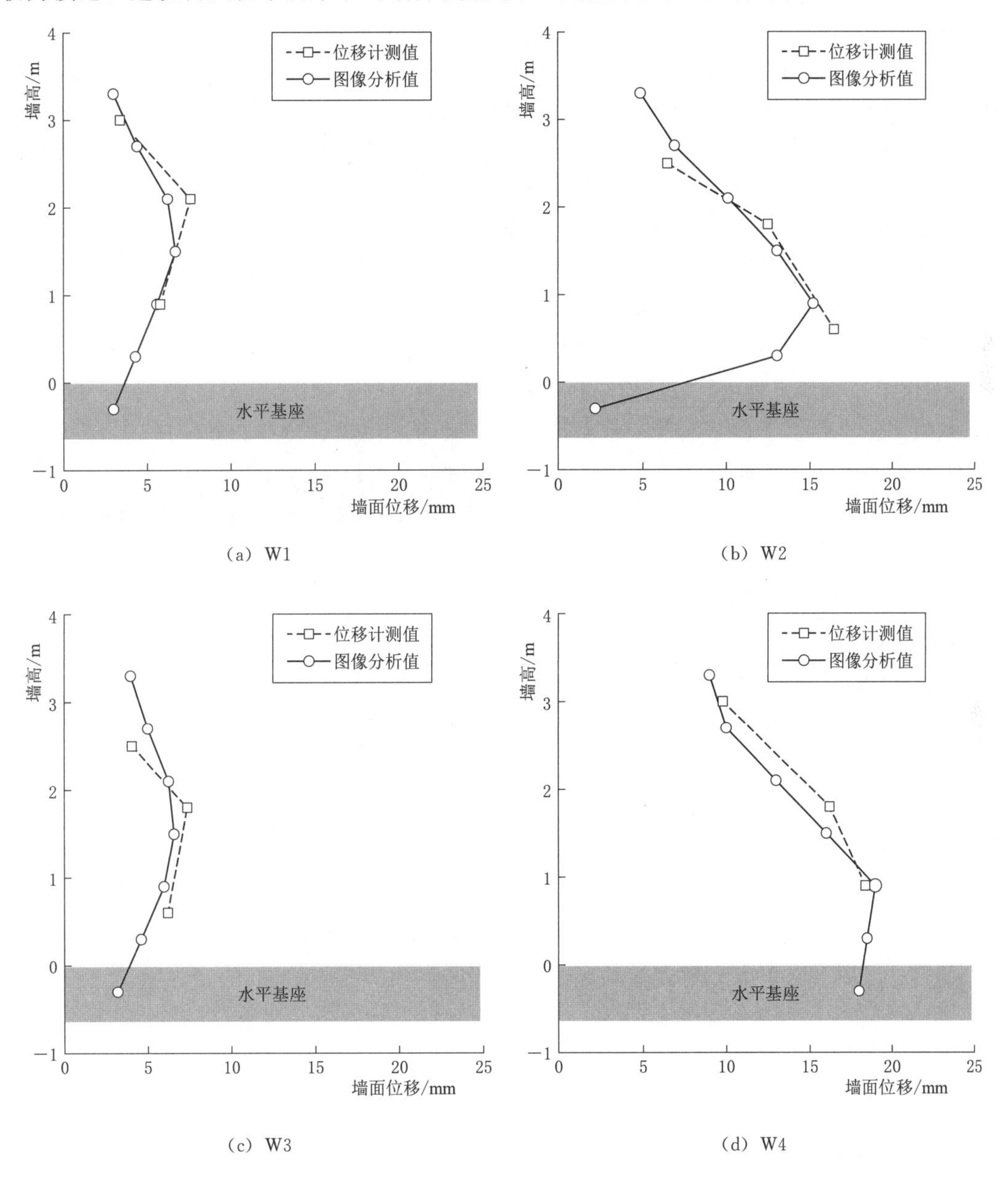

图 3.16 墙面与基座水平位移

由图 3.16 (a) 和 (c) 可见，原型 W1 和 W3 的墙面位移很小且两者基本一致，墙面最大水平位移位于挡墙中部，约为 6.7mm，底层模块和基座的水平位移则分别仅为 4.5mm 和 3mm 左右。W3 的这种表现表明，在工作应力下，即使将基座-地基界面作光滑处理，挡墙并没有沿着该界面滑移。原因应是在 W3 的基座产生一定量的水平位移后，激发了基座前方地基土产生被动土压力，同时底层模块与基座间又产生了相对位移量，使得筋材承担的墙背水平土压力增大，而通过模块-基座界面传递至基座的水平土压力减小，从而使得作用在基座上的水平力达到平衡状态，阻止了基座沿经光滑处理的基座-地基界面滑移。

与 W1 和 W3 相比，W2 的墙面水平位移明显增大，最大位移位于挡墙 1/3 墙高处，为 15.2mm 左右，底层模块和基座的水平位移分别为 13mm 和 2.2mm 左右，底层模块产生了明显的水平位移，而基座的水平位移较 W1 和 W3 还要小一些。可见对模块-基座界面作光滑处理使得此界面的摩擦角大幅度减小，墙背水平土压力传递至底层模块时，底层模块即沿模块-基座界面发生滑移，进而带动墙面中下部水平位移明显增大，相应地，筋材承担的墙背水平土压力会明显增大，而通过模块-基座界面传递至基座的水平土压力会明显减小，故 W2 的基座水平位移较 W1 和 W3 还小。

而 W4 的墙面和基座水平位移较 W2 更为显著，其最大水平位移约为 19mm，位置与 W2 一样均在 1/3 墙高处，其底层模块和基座的水平位移则分别达到 18.8mm 和 18.2mm 左右，这表明基座产生了显著滑移，进而带动整个墙面发生显著位移。如前所述，W4 是在 W3 对基座-地基界面作光滑处理基础上又将基座前方土体挖除，因此当墙背水平土压力通过底层模块传递至基座时，由于基座前方没有地基土，导致基座沿经光滑处理的基座-地基界面滑移，带动墙面发生了较大位移。W4 模拟的是挡墙墙趾受冲刷这种极端情况，在这种情况下才出现 Leshchinsky 所认为的挡墙沿着基座-地基界面滑移这一问题[93]。

3.2.2　筋材应变

图 3.17 所示为各组模型从下到上第 1 层、第 3 层、第 5 层筋材应变分布曲线。由图可见，总体上各层筋材应变随着与墙面距离的增大而减小，在墙面处筋材应变最大。墙面处筋材受到填土压实、地基沉降所产生的下拉力以及墙面变形的影响，导致其应变通常为一层筋材中最大应变，加筋土挡墙现场和室内试验实测的筋材应变也呈现此分布规律[9-10,18]。只有 W4 的第 5 层筋材连接处应变偏小，这可能是由于该模型顶层模块与筋材连接较为松动所致。

W1 和 W3 的顶、底层筋材应变较小，中间层（第 3 层）筋材应变相对较大一些，而 W2 和 W4 各层筋材应变由顶层至底层依次增大。各组挡墙的各层筋材应变大小与图 3.16 中的墙面位移分布相吻合，墙面位移大，筋材应变也相应变大。另外，W2 和 W4 的筋材末端应变也较大，这应是这两者较大的墙面水平位移引起加筋体的水平位移，使得筋材末端产生筋土相对位移所致。

3.2.3　筋材连接力

图 3.18 为筋材连接力 T_{con} 沿墙高的分布曲线。筋材连接力由筋材与墙面连接处测得的应变值乘以筋材刚度计算得到。由于模型筋材的连接力很小，故这里乘以离心模型率将其转化为原型筋材连接力进行分析。图中还给出了采用 AASHTO 法计算的各层筋材最大拉力 T_{max}。

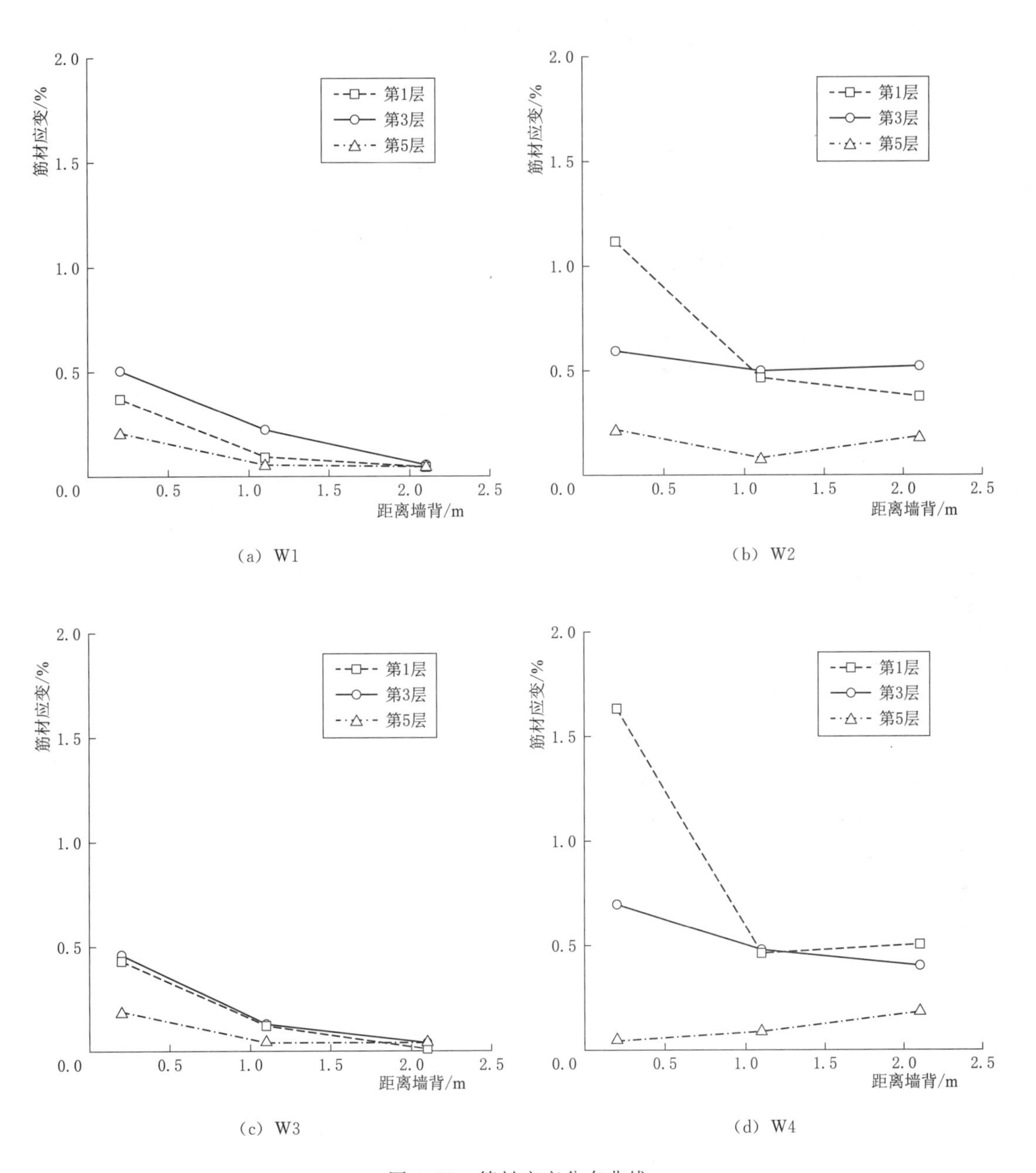

图 3.17 筋材应变分布曲线

由图 3.18 可见，W1 和 W3 的筋材连接力基本一致，这是因为筋材发挥作用的大小与墙面水平位移量值相对应。两者总筋材连接力 $\sum T_{con}$ 分别为 6.7kN/m 和 6.8kN/m。由于墙背水平土压力 F_h 由总的筋材连接力 $\sum T_{con}$ 和墙趾阻力 F_t 共同承担，即

$$F_h = \sum T_{con} + F_t \tag{3.1}$$

故这两组挡墙墙趾承担墙背水平土压力的能力基本相同。W1 和 W3 的筋材连接力分布曲线均沿挡墙高度呈现中部较大，顶、底部较小的分布，此分布符合在模块式加筋土挡

墙墙趾受到正常约束条件下筋材连接拉力的分布规律[9-10,51]。

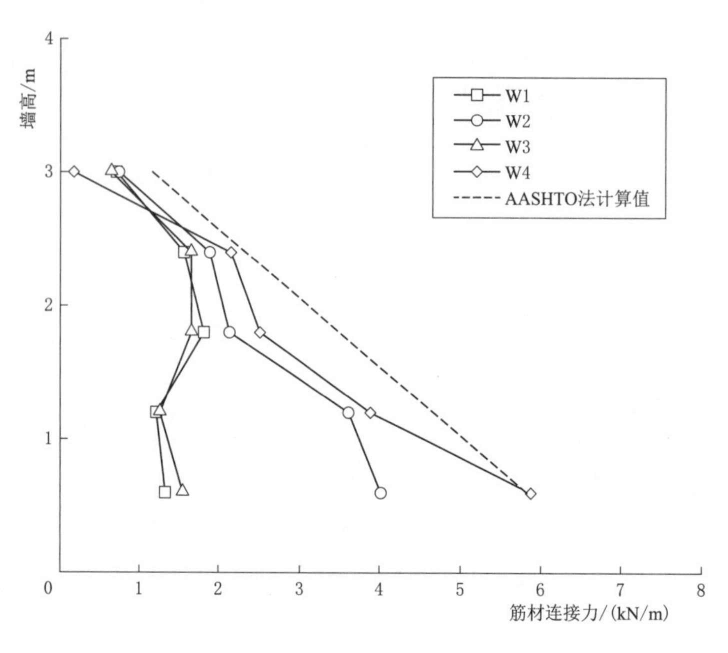

图 3.18　筋材连接力分布曲线

与 W1 和 W3 相比，W2 下部发生了较大的墙面位移，因此 W2 的筋材连接力在挡墙下部明显增大。W2 总的筋材连接力 $\sum T_{con}$ 为 12.5kN/m，可见其较 W1 和 W3 大近 2 倍。W2 的筋材连接力沿墙高呈顶部小、底部大的三角形分布，这与 Huang et al.（2010）[46] 在模块式加筋土挡墙数值模拟中将墙趾约束刚度设置为接近光滑时所得到的筋材连接力分布一致。

W4 的筋材连接力沿墙高也呈三角形分布。除顶层筋材因与墙面连接松动偏小外，其他层的筋材连接力均接近 AASHTO 法计算值。W4 总的筋材连接力 $\sum T_{con}$ 为 14.8kN/m，稍小于 AASHTO 法计算的 $\sum T_{con}$ 为 17.4kN/m。AASHTO 法假定墙后填土达到主动土压力极限状态，墙背水平土压力完全由筋材承担，而没有考虑挡墙在工作应力状态下墙趾可以承担很大部分的水平土压力[70-73]。可见，对于 W4 这种墙趾受到冲刷的极端情况，同 AASHTO 法的极限状态假定，其筋材承担了全部墙背土压力。

然而离心模型试验表明，W4 并未因墙趾失去约束或各层筋材连接力接近 AASHTO 法计算的筋材最大拉力 T_{max} 而失去稳定，挡墙仍然保持很好的稳定状态。这在实际加筋土挡墙工程中也得到证明。2012 年日本九州岛山区的一条铁路路基遭受洪水强烈冲刷，导致传统的混凝土挡墙路基段发生倾覆破坏，而采用加筋土挡墙路基段，尽管墙趾地基土已被冲刷，但挡墙整体仍保持稳定[94]。此外，Bathurst 和 Miyata et al.（2015）[30-31] 也通过加筋土挡墙足尺试验发现，即使墙趾失去地基土的支撑，挡墙仍能稳定。

由以上分析可见，模块式加筋土挡墙墙趾约束条件对其内部稳定性影响显著。在墙趾受到冲刷等极端条件下，基座和底层模块前方的土体可能被冲刷掉，甚至底层模块被冲掉或者脱落，则不应考虑墙趾的约束作用。而在墙趾不受冲刷威胁且筋材与模块连接可靠的工作应力条件下，仍可考虑墙趾的约束作用，毕竟大多数已建的模块式加筋土挡墙均处于此类正常服役状态，并且实际中模块-基座和基座-地基界面总是存在相当的摩擦作用，基座前方的土体又提供了附加的对墙趾的约束作用。

第4章 基于离心模型试验的模块式加筋土挡墙数值模拟

模块式加筋土挡墙的墙趾与筋材共同承担墙背水平土压力，离心模型试验结果说明墙趾约束条件的改变会影响墙趾与筋材受力情况。然而，由于测试手段的局限性，仅通过试验方法无法全面揭示墙趾约束机理，例如，无法测量墙趾界面剪应力导致无法得知墙趾承担多少荷载，无法测量墙趾约束条件改变后填土发生的剪切应变等。数值模拟是弥补以上不足的一个行之有效的方法[38-69,96-97]。对模块式加筋土挡墙进行数值模拟，墙面模块之间、墙面模块与填土之间、墙面模块与水平基座之间、水平基座与地基土之间的接触面本构模型与参数的选择是关键所在。Hatami 和 Bathurst（2005，2006）[43-44] 采用 FLAC 2D 有限差分软件对刚性地基上的模块式加筋土挡墙足尺试验进行了数值模拟，采用莫尔-库仑模型模拟墙面模块之间的界面，并通过界面直剪试验获得界面摩擦角、黏聚力、剪切刚度和法向刚度等参数，得到的数值模拟结果与试验值较为接近。陈建峰（2014）[51] 分别采用莫尔-库仑界面模型和双曲线界面模型模拟模块式加筋土挡墙的墙趾界面，发现对于采用不同墙趾界面模型的挡墙，墙趾承担荷载的能力差别不大。Yu et al.（2016）[57] 采用 FLAC 2D 对两座实际的模块式加筋土挡墙进行数值模拟，研究了线性和非线性的填土弹塑性本构模型对挡墙性状的影响，结果表明两种填土本构模型对计算结果影响不大。

本章基于 4 组离心模型试验所对应的原型模块式加筋土挡墙，建立考虑墙趾真实约束条件的有限差分数值模型，进一步分析 4 组挡墙内部稳定性，以及墙趾界面上正应力、剪应力和剪切位移在挡墙建造过程中的变化。

4.1 挡墙数值模型建立

基于离心模型试验所对应的原型挡墙，采用 FLAC 2D 有限差分程序建立考虑墙趾真实约束条件的数值模型，如图 4.1 所示。填土、地基土、墙面模块和水平基座采用连续网格模拟，筋材采用结构单元模拟。挡墙数值模型中，墙面模块之间、模块与填土之间、墙趾界面上均设置了接触面。图 4.1 中给出了墙趾处的接触面设置情况，由图可见，在底层模块与水平基座之间、水平基座与地基土之间以及水平基座与填土间设置了接触面，并对这些接触面赋予基于界面直剪试验的接触面参数（在 4.3.4 节中详细说明），以真实模拟墙趾约束条件。值得注意的是，为使墙面模块与填土间接触面得以简化，模块采用了梯形网格。

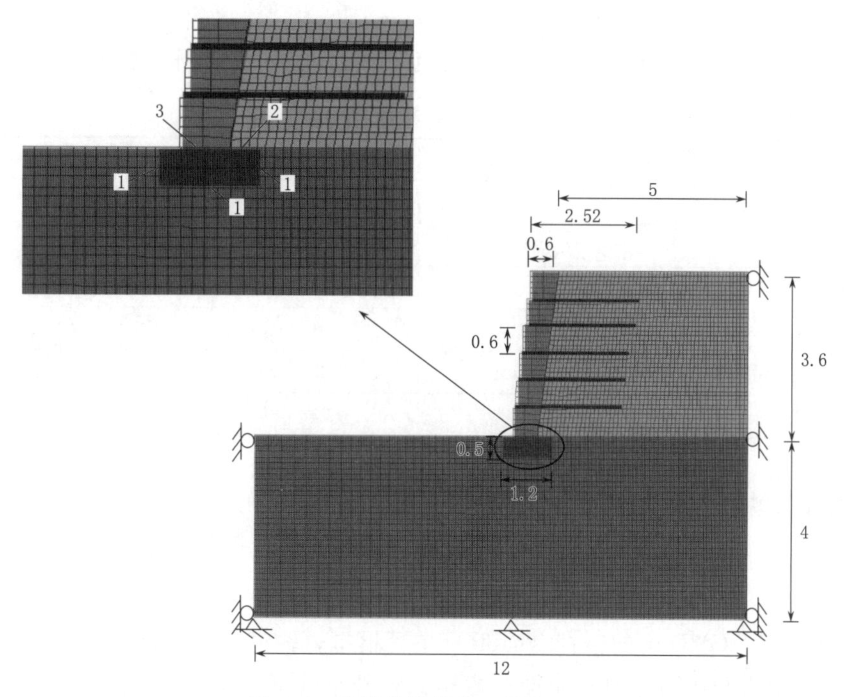

图 4.1　挡墙数值模型（单位：m）

1—基座与地基土接触面；2—基座与填土接触面；3—底层模块与基底接触面

挡墙数值模型计算在“大变形”模式下运行，在此模式下，每层墙面模块和填土在填筑至前一层墙面模块和填土之上时，其网格可以自动调整坐标，在前一层已发生变形后的网格上对应生成，以使得挡墙变形可以累积，保证了挡墙发生大变形时的计算精确度。

4.2　材料本构模型及参数

4.2.1　填土和地基土

填土和地基土均采用莫尔-库仑模型，该模型在 FLAC 2D 中需要输入密度 ρ、黏聚力 c、内摩擦角 φ、剪胀角 ψ、体积模量 K、剪切模量 G 和泊松比 ν，其中 K 和 G 可按下式计算：

$$\begin{cases} K = \dfrac{E}{3(1-2\nu)} \\ G = \dfrac{E}{2(1+\nu)} \end{cases} \tag{4.1}$$

式中：E 为土体弹性模量；试验挡墙填土和地基土所用建筑黄砂的弹性模量为 20MPa；泊松比 ν 为 0.3；经式（4.1）计算，填土和地基土的体积模量 K 和剪切模量 G 分别为 16.7MPa 和 7.7MPa。

剪胀角 ψ 与内摩擦角 φ 的关系为

$$\psi = \varphi - 30^\circ \tag{4.2}$$

为使计算稳定，给黏聚力一个大于 0 的值。填土和地基土具体参数见表 4.1。

表 4.1　　土体和混凝土参数

参　　数	填　　土	地 基 土	混凝土模块与基座
密度 ρ/(kN/m^3)	1570	1620	2200
摩擦角 φ/ (°)	36	38	—
剪胀角 ψ/ (°)	6	8	—
黏聚力 c/kPa	1	1	—
弹性模量 E/MPa	20	20	2.3×10^4
泊松比 ν	0.3	0.3	0.15

4.2.2　墙面模块和水平基座

墙面模块和水平基座采用线弹性模型，线弹性模型所需参数列于表 4.1。

4.2.3　筋材

筋材采用 FLAC 2D 中的锚杆（cable）单元模拟，锚杆单元为两节点直线结构单元，可以承受轴向拉力和压力，但不能抵抗弯矩。锚杆单元通过横截面积 A、锚杆轴向刚度 J、锚杆抗拉强度 T_{ult}、锚杆-土体界面剪切刚度 K_g、锚杆-土体界面黏结力 c_g 和锚杆-土体界面摩擦角 φ_g 来定义。图 4.2 所示为锚杆单元的力学机理。

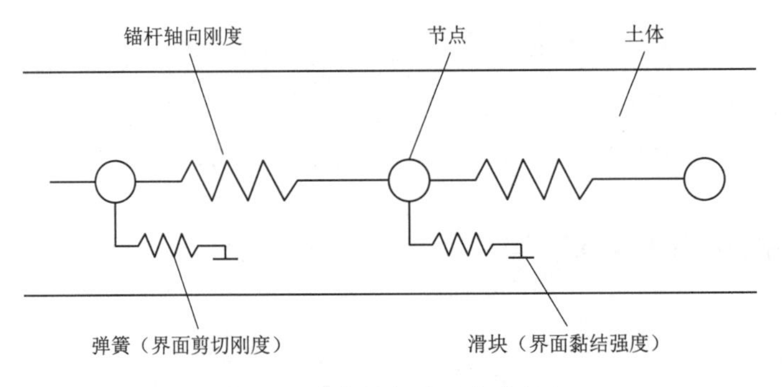

图 4.2　灌浆锚杆单元力学机理

锚杆单元轴向刚度的取值可由原型筋材拉力-应变曲线（见图 4.3）得到，原型筋材的拉力为模型筋材拉力乘以离心模型率 N。图 4.3 中，采用以下方程对 6 组筋材拉伸试验结果进行拟合：

$$T(\varepsilon) = A\varepsilon - B\varepsilon^2 \tag{4.3}$$

式中：$T(\varepsilon)$ 为轴向拉力，N/m；ε 为轴向应变[43]；A 和 B 分别为 360kN/m 和 480kN/m。

筋材轴向刚度 $J(\varepsilon)$可根据式（4.4）计算：

$$J_t(\varepsilon) = \frac{dT(\varepsilon)}{d\varepsilon} = A - 2B\varepsilon \tag{4.4}$$

$$J_s(\varepsilon)=\frac{T(\varepsilon)}{\varepsilon}=A-B\varepsilon \tag{4.5}$$

式中：$J_t(\varepsilon)$和$J_s(\varepsilon)$分别为筋材的切线刚度和割线刚度，N/m，其含义如图4.4所示。本书选取切线刚度作为筋材轴向刚度。

锚杆-土体界面的剪切特性参数（K_g、c_g、φ_g）参考第3章筋土拉拔试验结果取值。拉拔试验结果表明筋土界面黏结强度c_g为0，为使计算稳定，c_g取一个较小值，本模型中令c_g为2kPa。模型筋材参数列于表4.2。

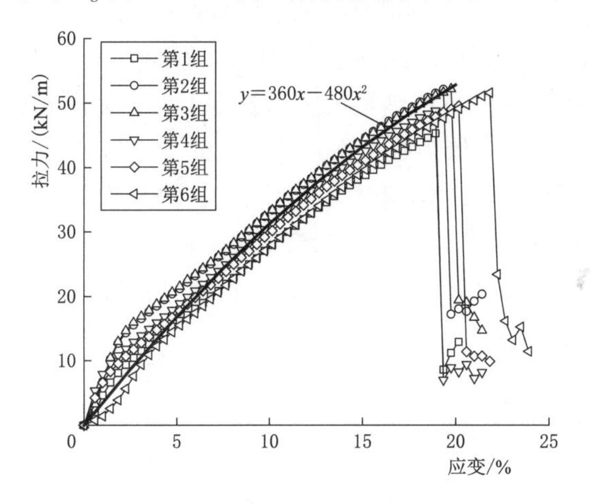

图4.3 原型筋材的拉力-应变曲线

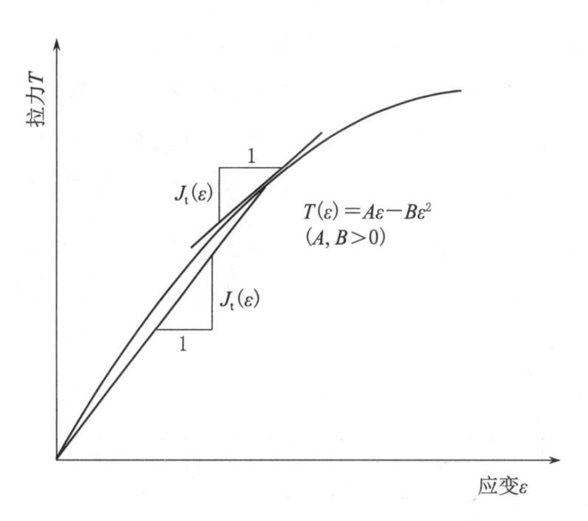

图4.4 筋材切线刚度与割线刚度曲线

表4.2 筋材参数

参数	取值
轴向刚度 J/(kN/m)	$360-960\varepsilon$
抗拉强度 T/(kN/m)	50
横截面面积 A/(m^2/m)	2×10^{-3}
筋土界面剪切刚度 K_g/[(MN/m) /m]	1
筋土界面黏结力 c_g/(kN/m)	2
筋土界面摩擦角 φ_g/(°)	24

4.2.4 接触面

在挡墙数值模型中，墙面模块之间、模块与填土之间、底层模块与水平基座之间、水平基座与地基土之间以及水平基座与填土之间的界面采用FLAC中的接触面单元（interface）模拟，需要输入界面的摩擦角φ、黏聚力c、剪切刚度K_s和法向刚度K_n。

各界面的摩擦角φ、黏聚力c、剪切刚度K_s均可参考第2章界面大型直剪试验结果取值，根据界面性质，选取混凝土-混凝土界面或混凝土-砂土界面的各剪切强度、剪切刚度参数值。法向刚度K_n参考Hatami和Bathurst（2005）[43] 采用FLAC 2D模拟模块式加筋土挡墙所用的界面法向刚度值。各界面参数列于表4.3。其中有以下几点需要说明：

(1) 模块-基座界面的 K_s 按照第 2 章所提出的模块-基座界面剪切刚度计算模型 [见式 (2.3) ～式(2.5)]取值；基座-地基界面的 K_s 选取正应力为 80kPa 时混凝土-砂土界面的 K_s 值，选取 80kPa 的正应力是因为挡墙高度为 3.6m 时，墙趾界面正应力为 77.6kPa，接近 80kPa。

(2) 对于模块-模块界面，由于墙面模块之间具有剪力键，其黏聚力、剪切刚度会增大，不能按直剪试验结果取值，故参考 Hatami 和 Bathurst (2005)[43] 采用 FLAC 2D 模拟模块式加筋土挡墙所用的模块-模块界面参数，即 $c_{bb}=46$kPa，$K_{sbb}=29$MPa/m。

(3) 对于填土-模块界面，虽然填土和地基土的相对密度不同，但两者的应力-应变曲线较为接近（见 3.2.2 节），故填土-模块界面的摩擦角和黏聚力仍可按混凝土-砂土界面的剪切强度参数取值；考虑到面板一侧为填土，另一侧为临空面，故该界面受力情况与直剪试验不一致，若按照直剪试验结果取值会导致 K_n、K_s 偏大，故填土-模块界面的这 2 个参数按照参考文献 [43] 取值，即 $K_{nsb}=100$MPa/m，$K_{ssb}=1$MPa/m。

(4) 水平基座与地基土之间的竖向接触面以及水平基座和填土之间的水平接触面参数可按照表 4.3 中正常约束的基座-地基界面参数取值。

表 4.3　接触面参数

参　数	量　值
模块-模块界面	
摩擦角 φ_{bb}/(°)	39
黏聚力 c_{bb}/kPa	46
法向刚度 K_{nbb}/(MPa/m)	1000
剪切刚度 K_{sbb}/(MPa/m)	29
填土-模块界面	
摩擦角 φ_{sb}/(°)	34
黏聚力 c_{sb}/kPa	0.7
法向刚度 K_{nsb}/(MPa/m)	100
剪切刚度 K_{ssb}/(MPa/m)	1
正常约束的模块-基座界面（用于 W1、W3、W4）	
摩擦角 φ_{bp}/(°)	39
黏聚力 c_{bp}/kPa	1
法向刚度 K_{nbp}/(MPa/m)	1000
剪切刚度 K_{sbp}/(MPa/m)	17.6
光滑处理的模块-基座界面（用于 W2）	
摩擦角 φ_{bps}/(°)	13
黏聚力 c_{pf}/kPa	0.5
法向刚度 K_{nbps}/(MPa/m)	1000

续表

参　　数	量　　值
剪切刚度 K_{sbps}/(MPa/m)	8.7
正常约束的基座-地基界面（用于 W1、W2）	
摩擦角 φ_{pf}/(°)	34
黏聚力 c_{bps}/kPa	0.7
法向刚度 K_{npf}/(MPa/m)	1000
剪切刚度 K_{spf}/(MPa/m)	14
光滑处理的基座-地基界面（用于 W3、W4）	
摩擦角 φ_{pfs}/(°)	8
黏聚力 c_{pfs}/kPa	0.2
法向刚度 K_{npfs}/(MPa/m)	1000
剪切刚度 K_{spfs}/(MPa/m)	5
基座-地基竖向界面	
摩擦角 φ_{pfv}/(°)	34
黏聚力 c_{pfv}/kPa	0.7
法向刚度 K_{npfv}/(MPa/m)	1000
剪切刚度 K_{spfv}/(MPa/m)	14
基座-填土界面	
摩擦角 φ_{ps}/(°)	34
黏聚力 c_{ps}/kPa	0.7
法向刚度 K_{nps}/(MPa/m)	1000
剪切刚度 K_{sps}/(MPa/m)	14

4.3 数值模拟结果

4.3.1 墙面水平位移

图 4.5 所示为 4 组挡墙数值计算和实测的墙面水平位移，W1 为墙趾正常约束的挡墙，W2 为仅对模块-基座界面进行光滑处理的挡墙，W3 为仅对基座-地基界面进行光滑处理的挡墙，W4 为对基座-地基界面作光滑处理后又将基座前方地基土挖除的挡墙。整体来看，4 组挡墙数值计算和实测的墙面水平位移在分布和数值上吻合较好。

由图 4.5（a）和（c）可见，数值计算的 W1 和 W3 墙面水平位移最大值位于挡墙中部，墙顶和墙底处水平位移较小，这与实测的墙面水平位移沿墙高分布一致。数值计算的 W1 和 W3 墙面水平位移较实测值略偏大，在发生最大位移的挡墙中部，W1 的计算值较实测值偏大 1.7mm，W3 的计算值较实测值偏大 3.1mm。

对于 W2 和 W4，数值计算的墙面水平位移沿墙高呈顶部小、底部大的分布，与实测值分布一致。W2 的计算和实测的墙面位移最大值相等，W4 数值计算的墙面位移最大值较实测最大值偏大 3.4mm。

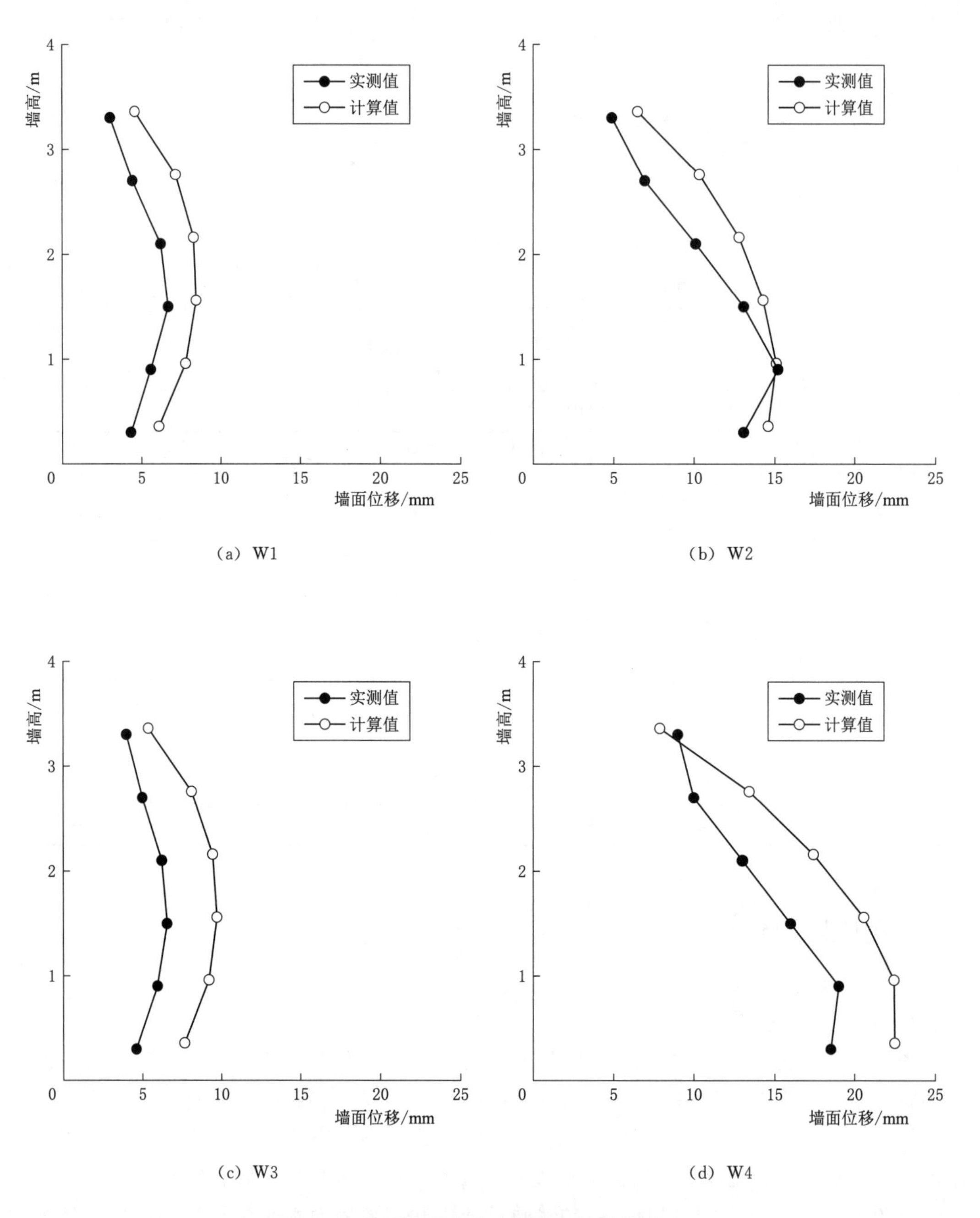

图 4.5　墙面水平位移实测值与计算值对比

在建造试验挡墙墙趾的过程中，需要将水平基座埋置在夯实到一定密实度的地基土中，这个过程中很难将墙趾界面上的砂颗粒完全清理干净，另外混凝土基座和模块与界面直剪试验中所用的混凝土块体制作批次不同，粗糙度存在些微差别，这些都可能导致试验挡墙的墙趾界面摩擦角较数值模型的墙趾界面摩擦角偏大，从而造成4组挡墙的墙面水平位移实测值略微小于数值计算值。

4.3.2 筋材应变

图4.6所示为4组挡墙实测和数值计算的各层筋材应变。由图可见，4组挡墙中，数值计算的各层筋材应变沿筋材长度的分布规律以及应变值均与实测结果接近。

挡墙W1和W3中，数值模拟结果反映出了实测的筋材应变随距墙背距离增加而逐渐减小的分布特点，以及挡墙中部筋材应变大于顶、底层筋材应变的规律。相较于W1和W3，实测的W2和W4各层筋材应变在筋材中后段增大，并且底层筋材应变显著增大，数值模拟结果也体现出了这样的分布规律。W4最底层筋材连接处应变的数值计算值与实测值差异较大，计算值较实测值明显偏小，这是因为W4发生了较大水平位移，填土相对墙面产生沉降[见图3.15(b)]，导致筋材连接处不仅存在轴向应变还产生竖向应变，应变片受此影响读数偏大，而数值模拟仅选取筋材轴向应变的值，故计算值较实测值偏小。

4.3.3 填土剪应变

图4.7为4组挡墙的剪应变云图，为使得挡墙轮廓更为清晰，在剪应变云图中不显示墙面模块和水平基座中的网格，仅显示填土和地基土中的网格。由图4.7(a)、(c)可见，挡墙W1和W3的填土最大应变不超过2%，且填土最大应变发生于各层筋材连接处和墙趾处。Boyle (1995)[98] 通过平面应变剪切试验发现砂土的峰值应变为2%～3%，Allen et al. (2003)[4] 认为对于填土为砂土的加筋土挡墙，填土应变小于3%时，挡墙处于工作应力状态。因此，挡墙W1和W3应处于工作应力状态。

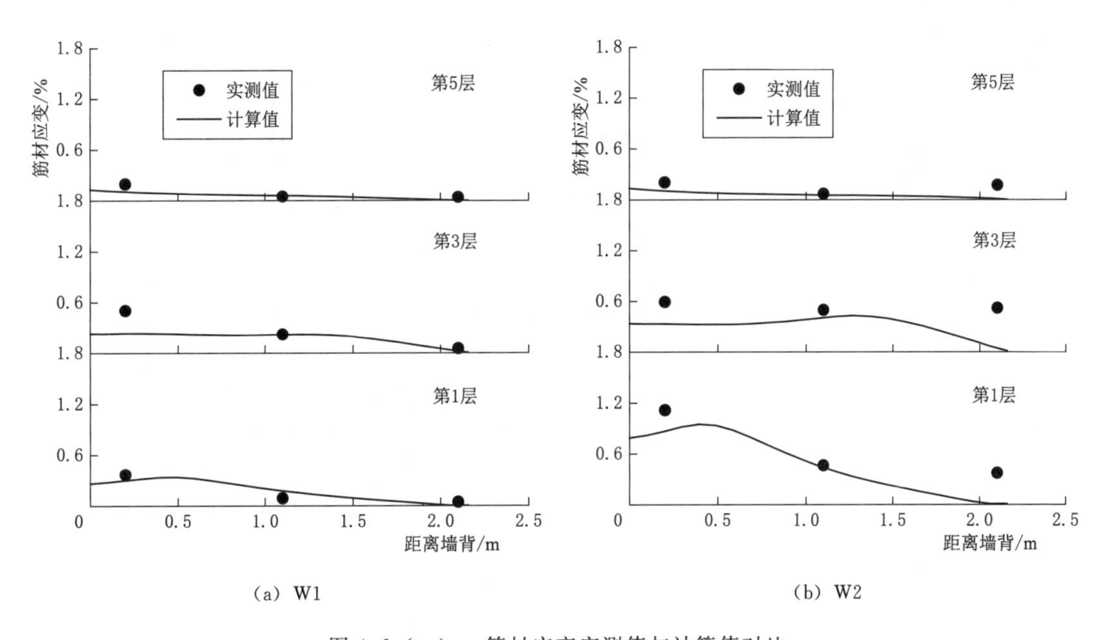

图4.6(一) 筋材应变实测值与计算值对比

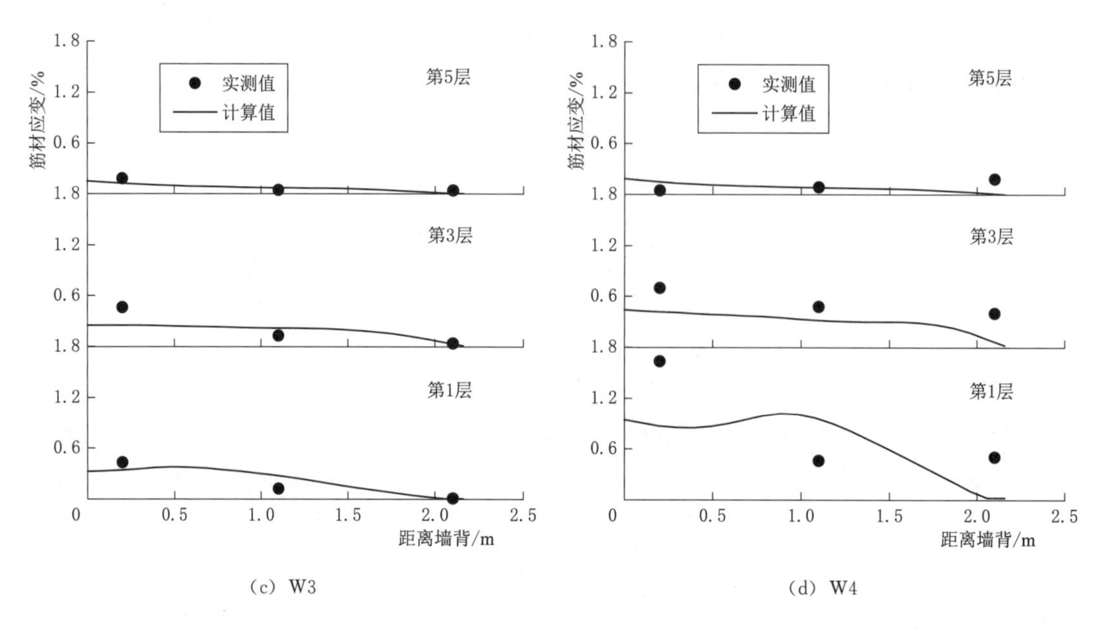

(c) W3 (d) W4

图 4.6(二) 筋材应变实测值与计算值对比

由图 4.7 (b)、(d) 可见,由于墙趾界面摩擦角和剪切刚度减小,挡墙 W2 和 W4 中下部发生了较大水平位移,导致两座挡墙填土产生了较大剪切应变。W2 的最大应变超过 4%,位于底层模块后方,W4 的最大应变超过 3%,位于水平基座后方,这说明两座挡墙填土已发生了局部破坏。W2 和 W4 中下部填土中均形成了连贯的剪切带,这也揭示了图 4.6 中 W2 和 W4 筋材中后段应变较大的原因:加筋体内剪应变增大,相应地,筋土相对位移增大,导致筋材中后段应变增大。

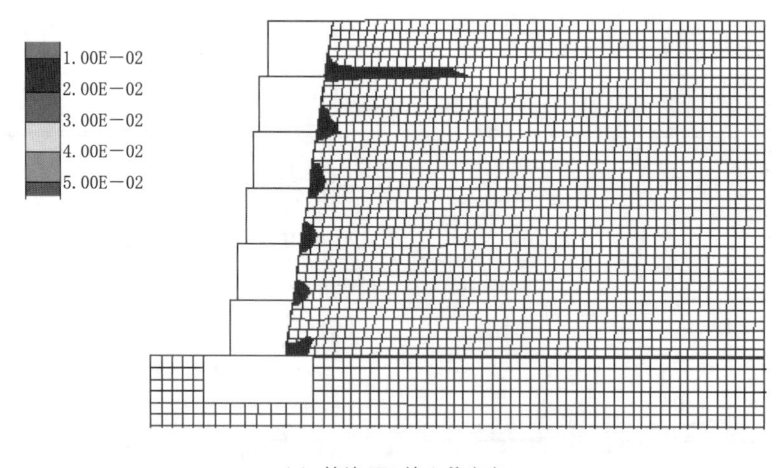

(a) 挡墙 W1 填土剪应变

图 4.7(一) 挡墙填土中的剪应变云图

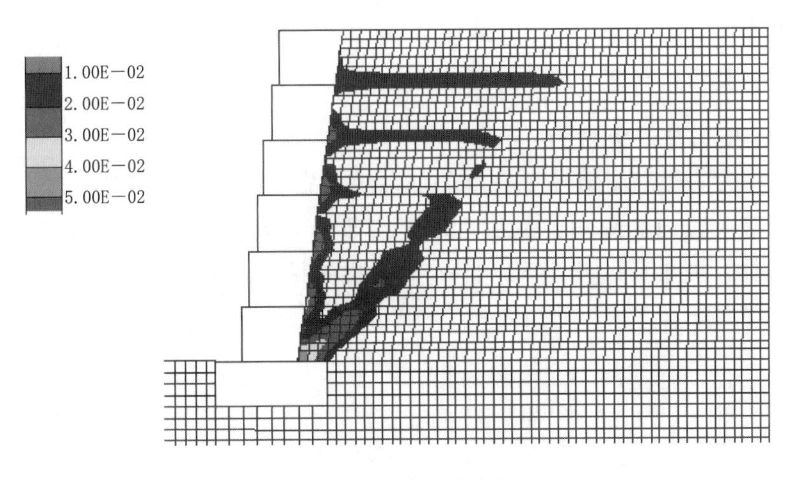

(b) 挡墙 W2 填土剪应变

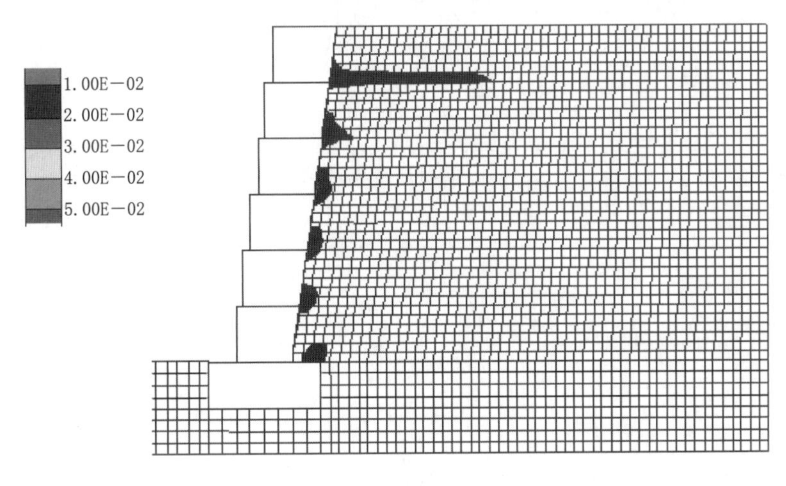

(c) 挡墙 W3 填土剪应变

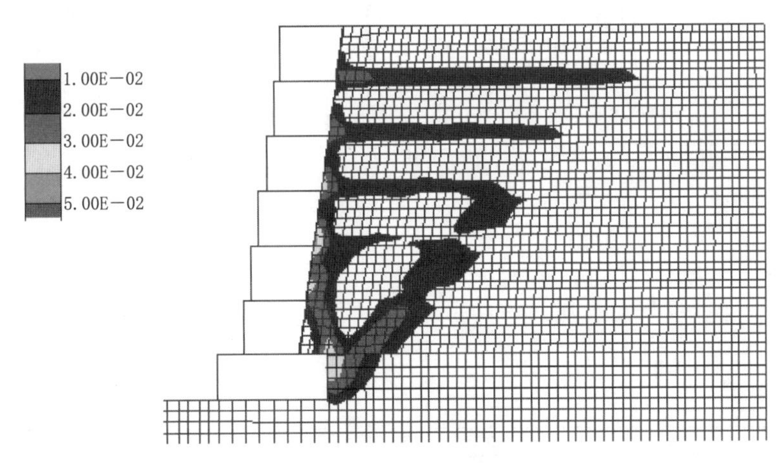

(d) 挡墙 W4 填土剪应变

图 4.7（二） 挡墙填土中的剪应变云图

从填土剪应变来看，对于W4这种基座-地基界面摩擦角减小且基座前方没有地基土的挡墙，可以将其看作高度增加了的挡墙W2。

4.3.4　筋材连接力与最大拉力

图4.8所示为4组挡墙筋材连接力 T_{con} 与填土中筋材的最大拉力 T_{max}。为避免受墙面连接处筋材最大拉力的影响，T_{max} 可取距墙面1m以外的筋材最大拉力[9-10]。由图可见，对于工作应力状态下的挡墙W1和W3，各层筋材的连接力均大于填土中筋材最大拉力；对于填土中出现局部破坏的挡墙W2和W4，顶部筋材的连接力大于填土中筋材最大

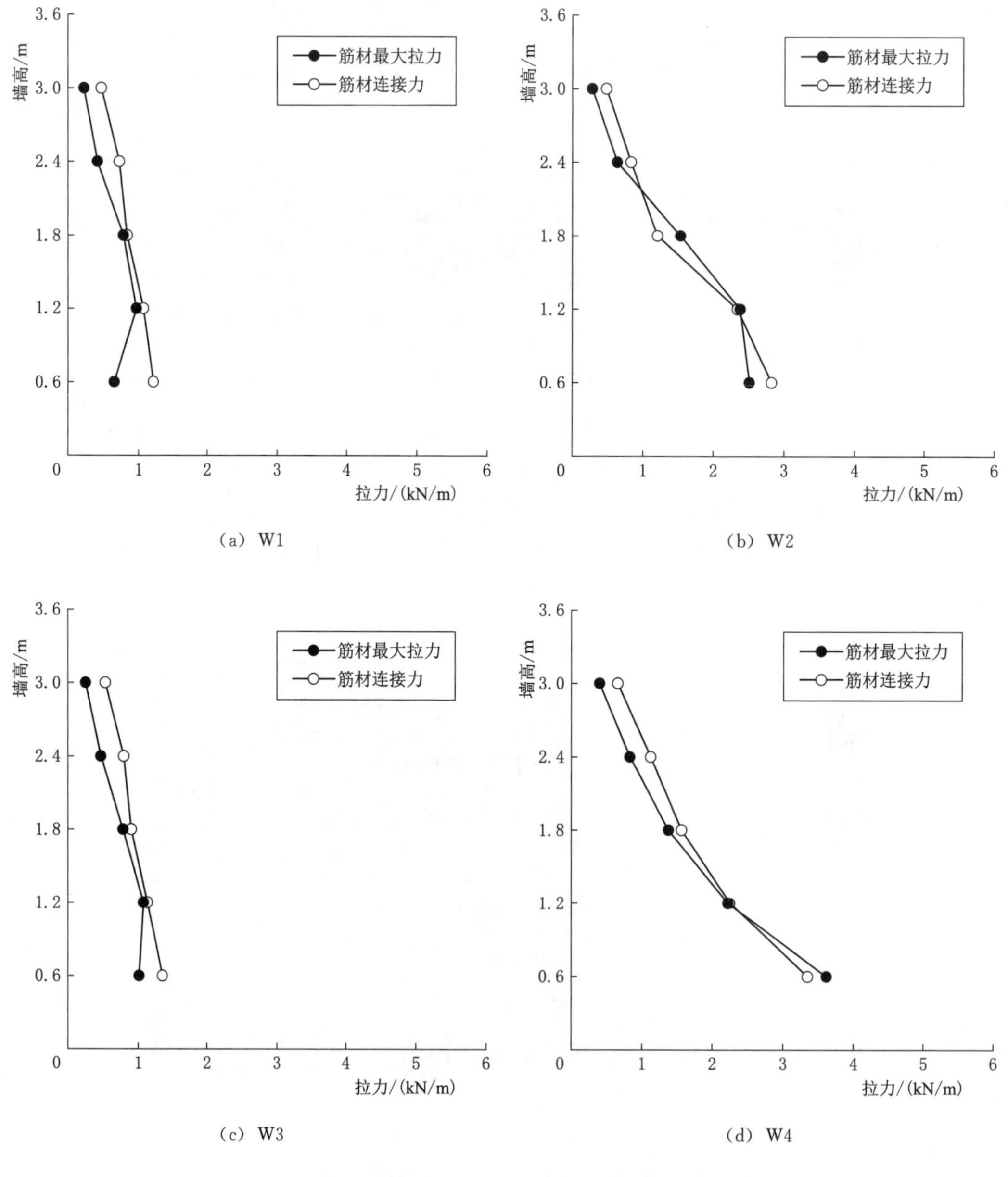

图4.8　筋材连接力与填土中筋材最大拉力对比

拉力，中下部填土中出现贯通剪切带，导致中下部筋材最大拉力增大，与筋材连接力接近或略大于筋材连接力。

4.3.5 墙趾界面正应力

图 4.9 为 4 组挡墙墙趾界面的正应力随挡墙高度的变化曲线，图中还给出了墙面自重应力变化曲线。由图可见，在挡墙建造过程中，4 组挡墙的墙趾界面正应力变化曲线基本一致，挡墙建造完成时，4 组挡墙的模块-基座界面正应力均为 100kPa 左右，基座-地基界面正应力均为 70kPa 左右。模块-基座界面的宽度为基座-地基界面宽度的 1/2，这造成

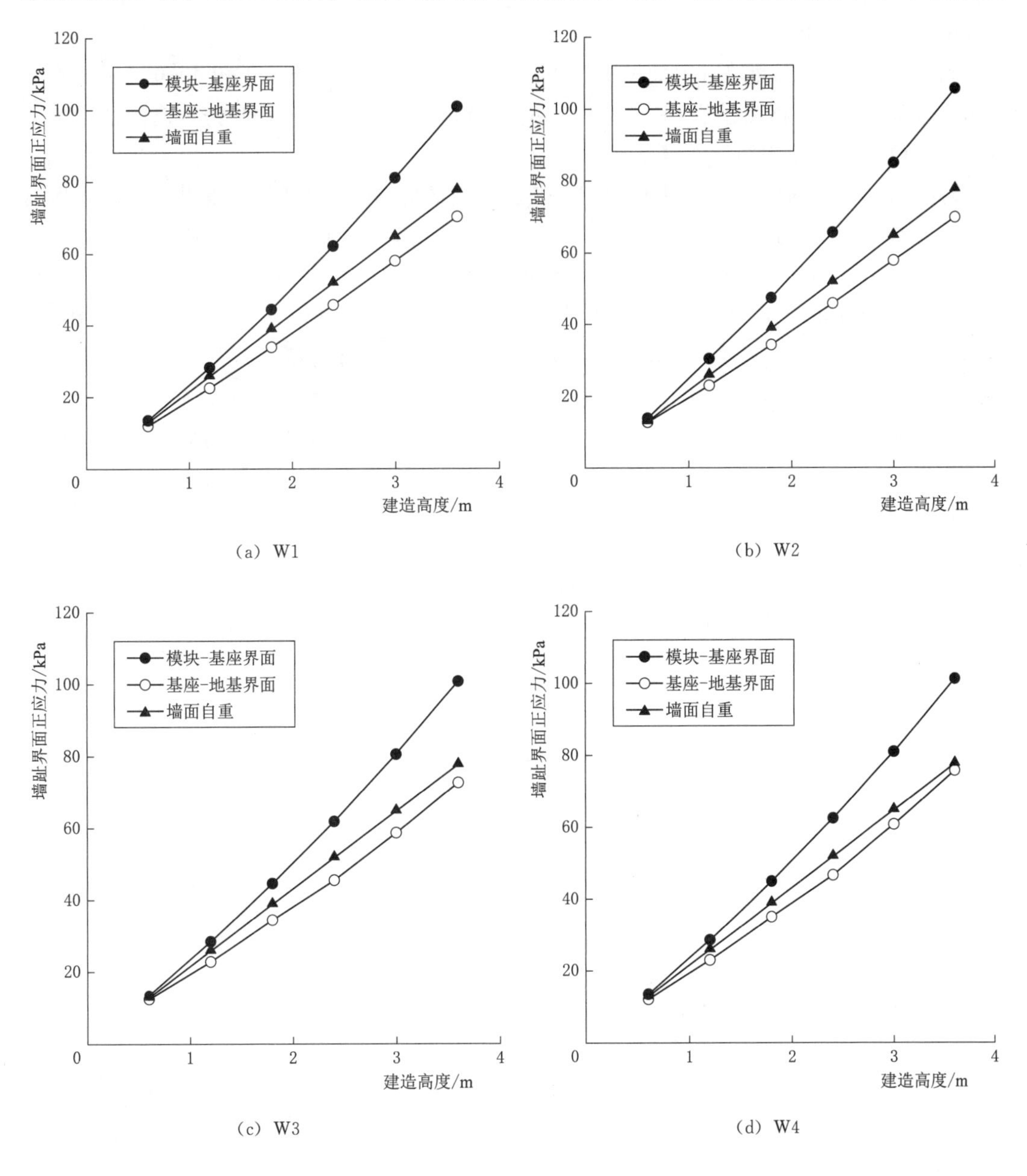

图 4.9 墙趾界面正应力随挡墙高度的变化曲线

了模块-基座界面的正应力更大，但模块-基座界面的上覆压力较基座-地基界面小，这导致模块-基座界面的正应力不超过基座-地基界面正应力的2倍。

由图4.9可见，4组挡墙的模块-基座界面正应力随挡墙高度的增大而偏离墙面自重应力。将墙趾正应力系数定义为模块-基座界面正应力与墙面自重应力的比值，则至挡墙填筑结束，墙趾正应力系数约为1.3。挡墙建造过程中地基沉降和填土压实导致筋材对墙面产生的下拉力、墙背填土对墙面模块向下的摩擦力，以及墙面向外转动时对墙趾产生的偏心压实力造成墙趾正应力大于墙面自重应力。

4.3.6 墙趾界面剪应力

图4.10为4组挡墙墙趾界面的剪应力随挡墙高度的变化曲线。由图4.10可见，在挡墙建造过程中，4组挡墙模块-基座界面和基座-地基界面的剪应力均随挡墙高度的增加而增大，其原因是墙高增加导致墙趾界面正应力增大。

对于墙趾正常约束的挡墙W1，模块-基座界面的剪应力较基座-地基界面剪应力大得多，挡墙建造完成时，模块-基座界面和基座-地基界面的剪应力分别为25.2kPa和4.2kPa，前者为后者的6倍。模块-基座界面剪应力较基座-地基界面大的原因：一是作用在模块-基座界面的正应力要比基座-地基界面的正应力大［见图4.10（a)］；二是模块-基座界面摩擦角要大于基座-地基界面摩擦角，三是基座前方地基土对基座的被动土压力作用有利于基座-地基界面的稳定，导致基座-地基界面剪应力不能充分发挥。

对于模块-基座界面摩擦角显著减小的挡墙W2，其基座-地基界面的剪应力较W1无明显变化，而由于模块-基座界面的摩擦角减小，导致该界面剪应力在挡墙建造完成时为18.7kPa，较W1的模块-基座界面剪应力明显降低。

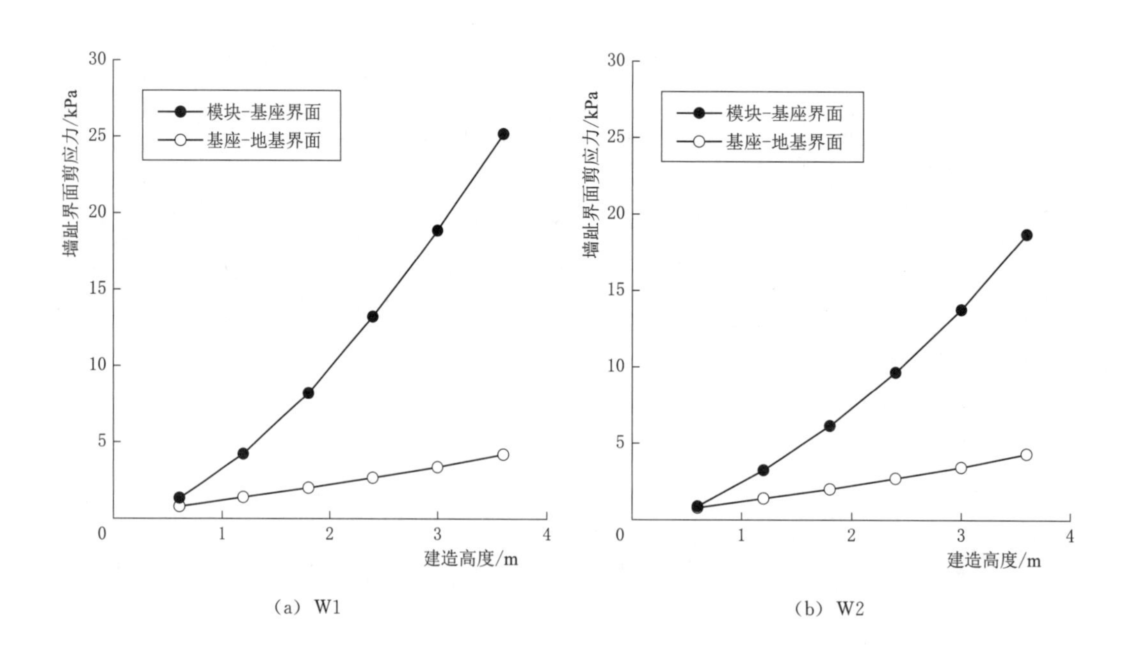

图4.10（一） 墙趾界面剪应力随挡墙高度的变化曲线

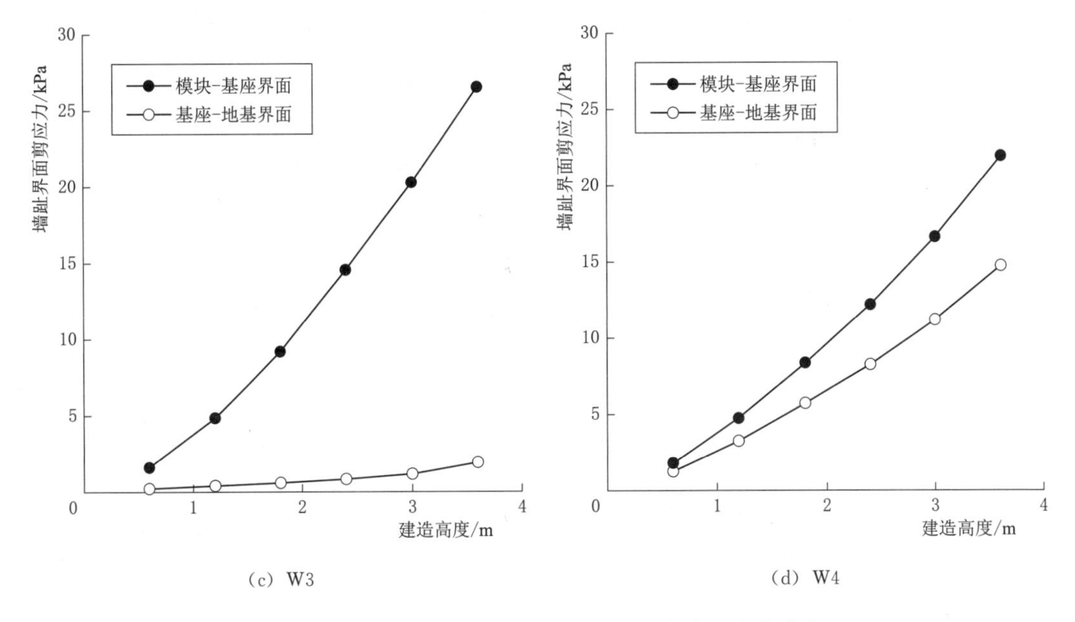

(c) W3　　(d) W4

图 4.10（二）　墙趾界面剪应力随挡墙高度的变化曲线

相较于 W1，W3 的基座-地基界面摩擦角显著降低，这导致 W3 的基座-地基界面剪应力在挡墙建造完成时为 1.9kPa，较 W1 减小 2.3kPa，而模块-基座界面的剪应力与 W1 一致。

对于基座-地基界面摩擦角减小且基座前方地基土被挖除的 W4，在挡墙建造完成时，模块-基座界面和基座-地基界面的剪应力分别为 21.9kPa 和 14.7kPa，可见相较于 W1，W4 的模块-基座界面剪应力略微减小，而基座-地基界面的剪应力显著增大。虽然 W4 基座-地基界面的摩擦角较小，但没有基座前方的土压力平衡基座后方的土压力后，挡墙填土中的剪应变从底层模块后方发展至基座后方［见图 4.7（d）］，激发了基座-地基界面的剪应力发挥，故基座-地基界面的剪应力显著增大。

4.3.7　墙趾界面剪切位移

图 4.11 为 4 组挡墙墙趾界面的剪切位移随挡墙高度的变化曲线。模块式加筋土挡墙由墙趾和筋材共同承担墙背水平土压力，当墙背水平土压力由墙面传递到模块-基座界面和基座-地基界面中任一界面，若该界面首先发生较大的剪切位移，则会带动墙面发生位移，墙面位移发生，导致筋材开始发挥作用，筋材连接力会增大，相应地，墙趾承担荷载减小。可见，剪切位移大的墙趾界面决定墙趾约束作用的大小，即剪切位移较大的墙趾界面对挡墙起到主要的约束作用。

由图 4.11（a）可见，在挡墙 W1 建造过程中，模块-基座界面剪切位移大于基座-地基界面剪切位移，挡墙建造结束时，模块-基座界面和基座-地基界面的剪切位移分别为 3.5mm 和 1.3mm。在 W1 建成时，模块-基座界面和基座-地基界面的抗剪强度可按下式计算：

$$\tau_f = c_i + \sigma_n \cdot \tan\varphi_i \tag{4.6}$$

式中：c_i 为界面黏聚力，Pa；σ_n 为界面正应力，Pa；φ_i 为界面摩擦角，(°)。

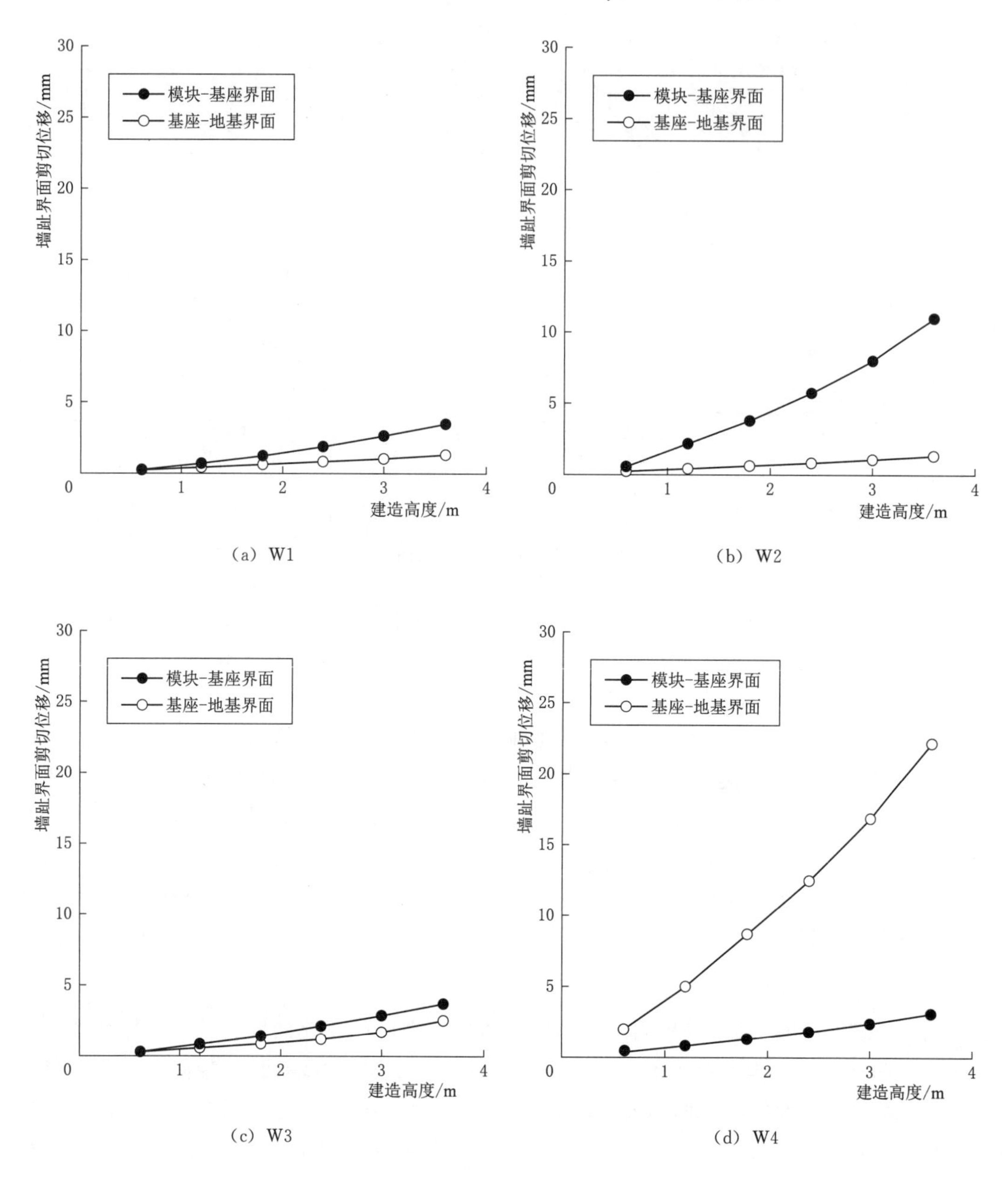

图 4.11　墙趾界面剪切位移随挡墙高度的变化曲线

经计算，模块-基座界面和基座-地基界面的抗剪强度分别为 82kPa 和 48kPa。Leshchinsky (2012)[93] 认为墙趾可能会沿着模块-基座和基座-地基界面中抗剪强度较小的界面滑移。但对于墙趾正常约束的挡墙 W1 来说，尽管基座-地基界面抗剪强度较小，但并没有出现 Leshchinsky 所担忧的墙趾沿基座-地基界面滑移的情况，模块-基座界面仍起主要的约束作用。基座-地基界面的抗剪强度虽小，但其所承受的剪应力也很小，只有

4.2kPa，为其抗剪强度的 8.8%，而模块-基座界面的剪应力为 25.2kPa，为界面抗剪强度的 30.7%，故挡墙不会沿基座-地基界面滑移。

在 W1 的基础上，W2 模块-基座界面的摩擦角从 39°减小至 13°，这导致该界面的抗剪强度由 82kPa 减小至 24.9kPa，虽然该界面的剪应力也因此从 25.2kPa 减小至 18.7kPa [见图 4.10 (b)]，但剪应力占抗剪强度的比例从 30.7%增加至 75%。因此，由图 4.11 (b) 可见，W2 的模块-基座界面剪切位移较 W1 明显增加，由模块-基座界面对挡墙 W2 起到主要约束作用。

由图 4.11 (c) 可见，W3 墙趾界面剪切位移情况同 W1 较为接近。W3 基座-地基界面摩擦角减小后，该界面抗剪强度为 10.8kPa，剪应力为 1.9kPa [见图 4.10 (c)]，为界面抗剪强度的 17.6%，可见即使基座-地基界面摩擦角显著减小导致抗剪强度减小，由于其界面剪应力也很小，挡墙不会沿基座-地基界面滑移，W2 的墙趾约束情况与 W1 一致。

由图 4.11 (d) 可见，与 W1～W3 不同，W4 基座-地基界面的剪切位移明显大于模块-基座界面，这是因为 W4 的基座-地基界面摩擦角减小，导致挡墙建成时该界面抗剪强度减小至 10.8kPa，而该界面的剪应力为 14.7kPa [见图 4.10 (d)]，超过了界面抗剪强度，这导致挡墙沿该界面发生了明显滑移。可见，对于基座没有被埋置的挡墙 W4，基座-地基界面对挡墙起主要的约束作用。

综上，在模块式加筋土挡墙中，剪切位移较大的墙趾界面对挡墙起到主要的约束作用，而哪个墙趾界面的剪切位移更大，不是取决于哪个墙趾界面的抗剪强度更低，而是取决于哪个墙趾界面的剪应力更接近于其抗剪强度。在基座埋置于地基土的情况下，尽管基座-地基界面的抗剪强度较小，但其剪应力也很小，挡墙不会沿此界面滑移，模块-基座界面对挡墙起主要的约束作用。在墙趾受到冲刷，基座前方地基土被冲刷掉，甚至基座下方地基土被掏蚀的情况下，基座-地基界面的抗剪强度降低，而剪应力显著增大，甚至超过界面抗剪强度，这种情况下，基座-地基界面对挡墙起主要的约束作用。

4.3.8 墙趾与筋材承担荷载

图 4.12 为 4 组挡墙墙趾与筋材承担荷载随挡墙高度的变化曲线。挡墙水平土压力由总的墙面筋材连接力和墙趾阻力共同承担。由图 4.12 (a) 可见，W1 建造完成时，墙趾与筋材分别承担 15.1kN/m 和 4.2kN/m 的荷载，即两者分别承担了约 78.2%和 21.8%的水平总荷载。Bathurst et al. (2000)[18] 开展了刚性地基上的 3.6m 高模块式加筋土挡墙室内足尺试验（RMC 试验挡墙），测得墙趾承担约 80%的墙背水平土压力。W1 墙趾承担墙背水平荷载的比例与同等高度的 RMC 挡墙接近。

由图 4.12 (b) 可见，W2 建造完成时，墙趾和筋材分别承担 11.2kN/m 和 7.3kN/m 的荷载，即两者分别承担了约 60.5%和 39.5%的水平总荷载。基座前方有地基土的挡墙由模块-基座界面起约束作用，模块-基座界面的摩擦角减小，导致墙趾承担的荷载减小，而筋材承担荷载增大。Huang et al. (2010)[46] 采用 FLAC 2D 程序模拟刚性地基上 6m 高模块式加筋土挡墙，研究不同墙趾约束刚度对墙趾承担荷载的影响，得到的结果与本书结果一致。

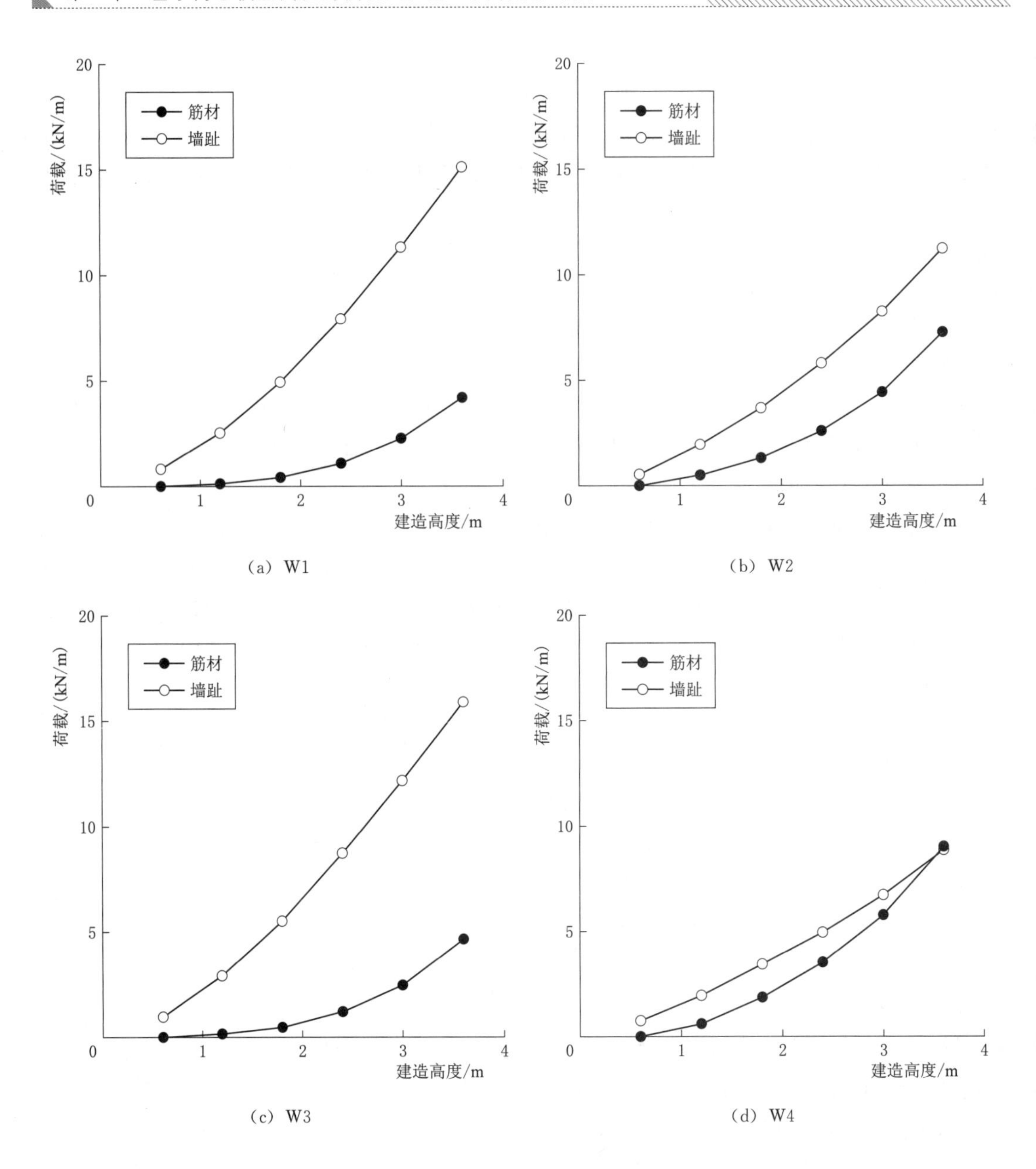

(a) W1　(b) W2　(c) W3　(d) W4

图 4.12　墙趾与筋材承担荷载随挡墙高度的变化曲线

由图 4.12 (c) 可见，W3 建造完成时，墙趾与筋材分别承担 15.9kN/m 和 4.6kN/m 的荷载，即两者分别承担了约 77.6%和 22.4%的水平总荷载，与 W1 墙趾与筋材承担荷载比例很接近。W3 由模块-基座界面起主要约束作用，基座-地基界面剪切刚度减小对墙趾承担荷载基本无影响。

由图 4.12 (d) 可见，W4 建造完成时，墙趾与筋材分别承担 8.8kN/m 和 9kN/m 的荷载，即两者分别承担了约 49.4%和 50.6%的水平总荷载。基座不被埋置的挡墙由基座-地基界面起约束作用，该界面摩擦角减小，造成墙趾承担的荷载比例减小。

第5章　软弱地基上模块式加筋挡墙离心试验与数值模拟

目前加筋土挡墙设计相关规范只考虑挡墙建造在刚性地基之上的情况[70-77]。然而，加筋土挡墙属于柔性结构，能够适应一定的地基变形，由于场地原因，也确有部分加筋土挡墙建造在可压缩甚至软弱地基之上[99-102]。

顾培等[103] 对软黏土地基上整体式面板和板块式面板的加筋土挡墙开展离心模型试验，发现整体式面板挡墙的侧向变形更小。陈建峰等[104] 对软土地基上反包式加筋土挡墙开展有限元模拟，发现加长底部筋材的长度可以有效提高挡墙稳定性。陈建峰等[105-106] 还对软土地基上刚/柔性组合面板的加筋土挡墙开展了离散连续耦合数值模拟，研究挡墙的破坏机理。徐鹏等[107] 通过离心模型试验对比了砂土和黏土地基上整体式面板加筋土挡墙的变形和受力特性。汪益敏等[108] 通过数值模拟分析了筋材蠕变对软土地基加筋土挡墙性状的影响。

以上研究涵盖了软弱地基上多种面板形式的加筋土挡墙，但缺乏关于模块式面板加筋土挡墙的相关研究。模块式面板由小尺寸混凝土模块堆叠、干砌而成，既具备刚性面板的抗变形能力，又因非连续性而兼具柔性面板的适应变形能力，同时还具有美观、施工简便等优点，尤其适用于加筋桥台或加筋路堤。目前针对软弱地基上模块式加筋土挡墙的研究较为有限，且多采用数值模拟方法。Rowe 和 Skinner[38] 对一座假设的软黏土地基模块式加筋土挡墙开展数值模拟，发现相较于刚性地基，软土地基会使挡墙的水平和竖向位移以及筋材应变明显增加。在此基础上，Skinner 和 Rowe[39,41] 还通过数值方法研究了最底层筋材的长度和刚度对挡墙承载能力的影响，以及地基长期变形对挡墙稳定性的影响。Yoo et al.[42] 根据数值结果指出软弱地基上模块式加筋土挡墙的墙趾约束作用较弱。

本章开展软弱地基上模块式加筋土挡墙的离心模型试验和数值模拟，研究地基大变形情况下挡墙的力学响应和稳定性问题，并进一步探索软弱地基上模块式加筋土挡墙的设计思路。

5.1　离心模型试验

本章离心模型试验所用材料除了地基土以外与第3章试验材料完全相同。本章试验地基土采用上海地区第三层淤泥质粉质黏土。将现场取得的黏土风干、粉碎，并过孔径2mm的筛子，再对黏土粉末进行抽真空处理，然后将黏土粉末与水以5∶3的质量比配制地基土，分 10 层在模型箱中制成 20cm 厚度的地基土。将制备好的地基土在 100 倍的重力加速度下固结 6 小时，固结后的地基土物理力学参数列于表 5.1。

表 5.1　　土体和混凝土参数

参　　数	取　值
重度 γ/(kN/m^3)	17.4
含水率 w/%	45.3
孔隙比 e	1.2
塑性指数 I_p	21.3
压缩系数 $a_{0.1-0.2}$/MPa^{-1}	0.8
压缩模量 $E_{0.1-0.2}$/MPa	2.1
黏聚力 c/kPa	8
摩擦角 φ/(°)	28
卸载-再加载泊松比 ν	0.25
模量指数 m	1
破坏比 R_f	0.9
割线弹性模量 E_{50}/MPa	2.1
切线压缩模量 E_{oed}/MPa	2.1
卸载-再加载模量 E_{ur}/MPa	6.3

试验模型的建立过程为：将搅拌均匀的地基土等速抛进模型箱，使其厚度达到 20cm，然后将其在 100g 下固结 6 小时，固结完成后将地基表面排出的水抽干；将水平基座埋入地基土中，使其上表面与地基土表面齐平；在水平基座上放置第一层墙面模块，之后铺设模块对应高度的填土，用橡皮锤进行夯实，控制填土密度为 1.57g/cm^3，再铺设筋材，如此往复，直至挡墙填筑完成。

本章试验的测量仪器布置和试验过程与第 3 章试验相同。

5.2　数值模拟

采用 PLAXIS 有限元软件建立上述模型挡墙在 20g 加速度时所对应的原型挡墙数值模型，如图 5.1 所示。采用 15 节点单元划分土体网格。对模型底部边界施加水平和竖直方向的约束，左右边界施加水平方向约束。

软土地基采用强化土（Hardening Soil）模型，该模型采用割线弹性模量 E_{50}、切线压缩模量 E_{oed} 和卸载-再加载模量 E_{ur} 这 3 个参数来控制土体刚度，3 个参数可根据经验公式 $3E_{50}=3E_{oed}=E_{ur}$ 取值；该模型采用卸载-再加载泊松比 ν_{ur}，其值处于 0.2～0.3[109-110]。填土和墙面模块分别采用莫尔-库仑（即理想弹塑性模型）和线弹性模型。地基、填土和混凝土模块参数取值见表 5.1、表 5.2。

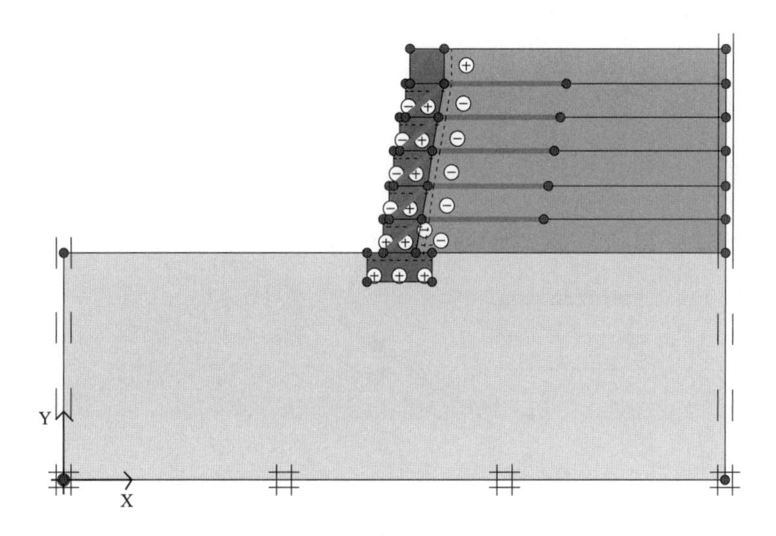

图 5.1　原型挡墙数值模型

表 5.2　　　　　　　　　　填土和混凝土模块参数

参　　数	填　　土	墙面模块
重度 γ/(kN/m^3)	15.7	22
黏聚力 c/kPa	1	—
摩擦角 φ/(°)	37	—
弹性模量 E/MPa	20	3.2×10^4
泊松比 ν	0.3	0.15

在墙面模块与填土之间以及墙面底层模块与水平基座之间设置接触面，PLAXIS 中接触面为摩尔-库仑模型，包括摩擦角、黏聚力、刚度和泊松比 4 个参数。为确定接触面参数，采用大型界面直剪试验分别测试混凝土与砂土以及混凝土与混凝土之间的剪切特性，试验结果如图 5.2 所示。模块-填土界面和模块-基座界面的参数列于表 5.3。筋材采用线弹性的土工格栅单元模拟，轴向刚度为 572kN/m。

原型挡墙的数值模拟过程为：首先生成地基的初始应力；然后分层建造挡墙，先填筑一层墙面模块和填土，并使其在自重下达到平衡，再在填土上铺设筋材，如此往复直至挡墙建造完成；最后采用强度折减法计算挡墙的安全系数以及滑动面。

表 5.3　　　　　　　　　　界　面　参　数

参　　数	模块-模块界面	模块-填土界面
剪切刚度 E/MPa	6.3	3.8
似黏聚力 c/kPa	1	1
摩擦角 φ/(°)	39	34
泊松比 ν	0.45	0.45

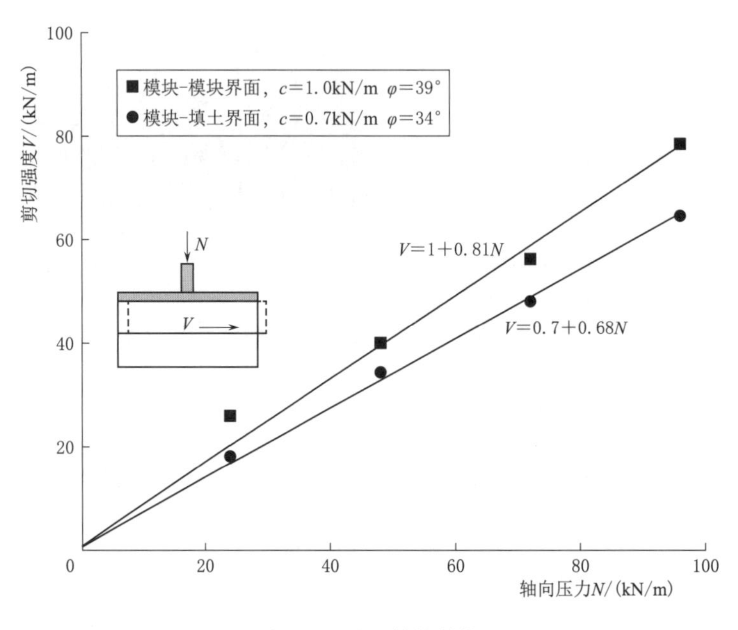

图 5.2　界面剪切特性

5.3　试验与数值计算结果分析

5.3.1　挡墙变形

图 5.3 所示为离心机同步相机拍摄的模型挡墙在 1g 和 20g（变形稳定后）的照片。由图可见，在自重应力下，挡墙发生了明显变形，主要体现为墙面水平位移和墙顶沉降，但挡墙整体仍然保持原有外观形态，未观察到明显破坏状态。在图 5.3（b）中，根据挡墙顶部凹陷位置、底层筋材变形以及地基土发生差异沉降的位置，大致绘制出挡墙的潜在滑动面，可以看到，在地基很软的情况下，模块式加筋土挡墙发生深层滑动，为外部稳定性问题。

(a) 试验挡墙在 1g 下

图 5.3（一）　试验挡墙照片

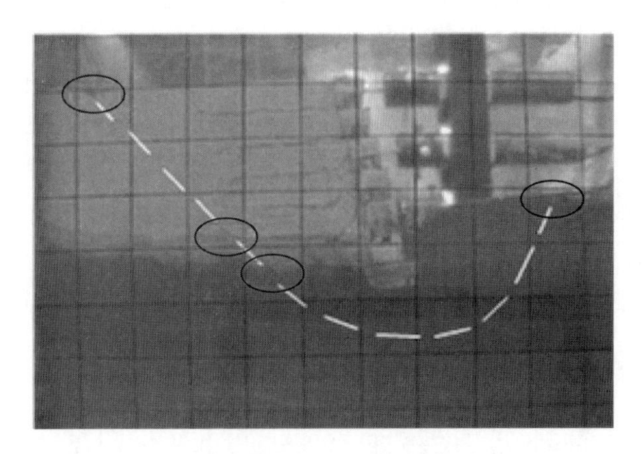

（b）试验挡墙在 20g（变形稳定后）

图 5.3（二）　试验挡墙照片

图 5.4 为数值计算的挡墙变形网格以及强度折减后的总位移增量云图。由图可见，数值模拟得到的挡墙变形与试验结果相近，也为深层滑动，滑动面位置与图 5.4（b）所示试验中挡墙滑动面位置较为接近。数值计算的安全系数为 1.06，挡墙接近极限状态。

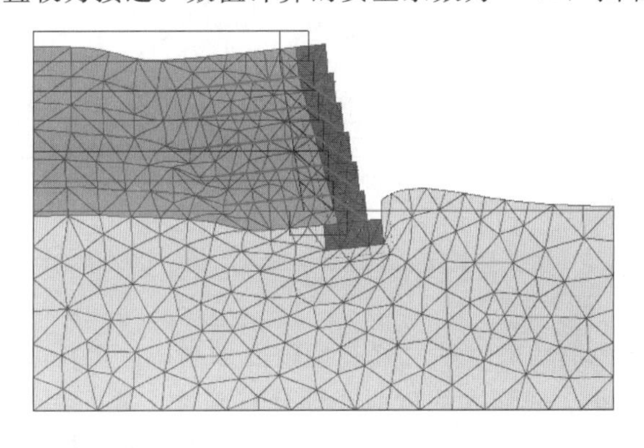

（a）变形网格

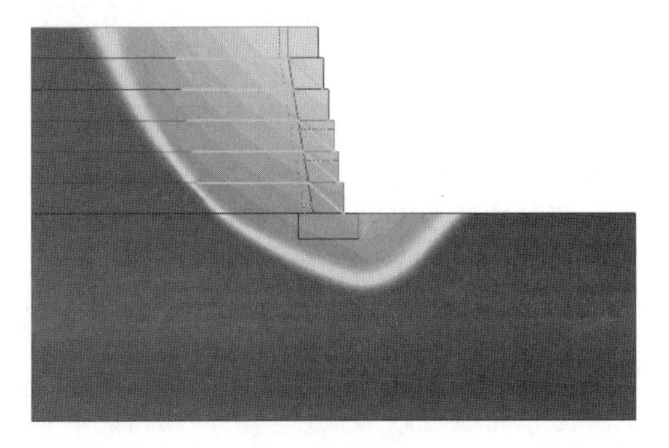

（b）总位移增量云图

图 5.4　挡墙数值模型变形和总位移增量云图

5.3.2　挡墙水平和竖向位移

图 5.5 和图 5.6 所示分别为墙面、基座水平位移和墙顶、地基沉降。图中给出了试验实测值和数值模拟值，其中实测值为模型挡墙在 20g 下（变形稳定后）测得的，由于挡墙发生较大沉降，水平位移计的测量结果无法反映墙面同一位置处的位移，故本书采用图像分析方法获得墙面位移沿墙高分布曲线。墙顶和地基沉降也由同样方法获得。需指出，本书试验数据均为通过相似比换算得到的原型结果。

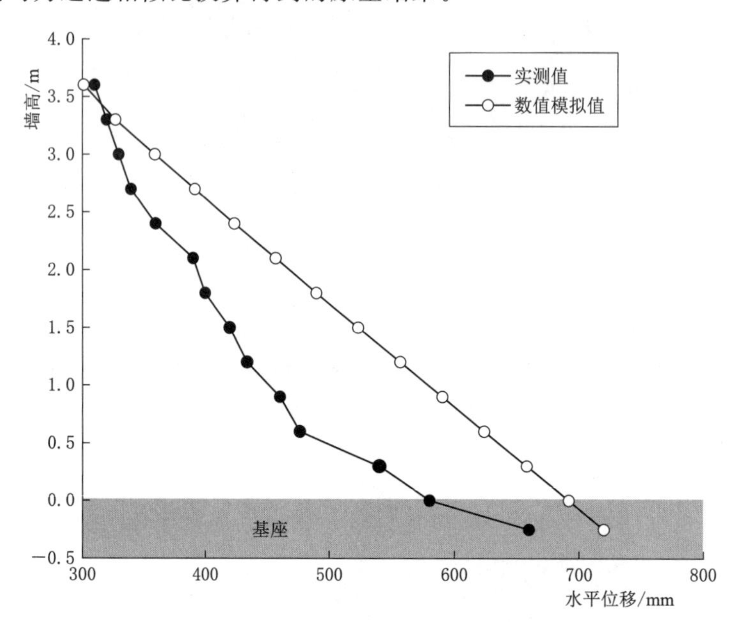

图 5.5　墙面与基座水平位移实测值与数值模拟值的对比

由图 5.5 可见，实测的墙面水平位移在墙顶处最小，为 310mm，在墙底处最大，为 540mm，沿墙高呈顶部小、底部大的近似线性分布，可见墙面在发生水平位移的同时也发生了后仰变形。数值计算得到的墙面位移沿墙高分布规律与实测结果接近。在数值上，计算值较实测值偏大，且越接近墙趾两者差值越大，至水平基座处差值又减小，这是因为试验中挡墙前方地基土隆起后与墙面接触［见图 5.3（b）］，对墙面施加侧向土压力限制了挡墙底部的水平位移，此处墙面位移受到限制也会影响其上下位移的发展，而数值模拟中不会出现这个问题［见图 5.3（a）］。

由图 5.6 可见，计算与实测的地基沉降分布曲线在变化规律和量值上均较为吻合。地基竖向位移整体表现为挡墙下方地基土沉降，挡墙前方地基土隆起。实测的地基隆起最大值约为 600mm，发生于挡墙前方距墙面 1.7m 位置处。实测地基沉降最大值约为 500mm，发生于墙后距墙面 2.4m 位置处，也是图 5.4（b）中滑动面与地基表面相交处。

计算与实测的墙顶沉降分布曲线也较为接近。试验测得的墙顶填土沉降随距面板距离的增加而缓慢增大，于距面板 4.5m 处由 620mm 陡增至 770mm，达到最大值，其后又陡降至 660mm，可见墙顶沉降最大位置处发生了一个凹陷，这可以看作为滑动面贯穿至墙顶的标志。虽然地基发生明显的差异沉降，但墙顶沉降仍然均匀，这说明模块式加筋土挡墙具有很好的抵抗大变形的能力。

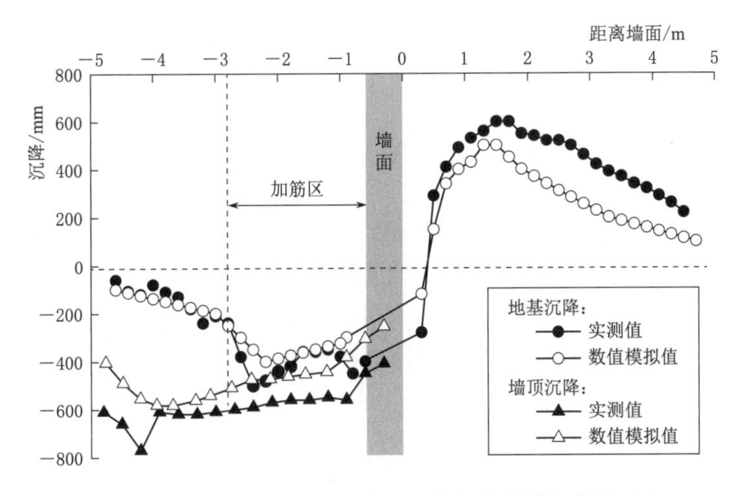

图 5.6 墙顶与地基竖向沉降实测值与数值模拟值的对比

5.3.3 筋材应变

图 5.7 为数值计算的各层筋材应变分布曲线，图中还给出了试验挡墙在 20g 下变形稳定后的第 1、第 3、第 5 层筋材应变实测值。由图可见，第 1、第 3、第 5 层筋材应变的数值计算结果在分布规律和量值上均与实测值吻合较好。值得注意的是，数值计算的第 1、第 3 层筋材应变曲线达到最大值后出现一个下降段，而实测值没有反映出此规律，这应是试验中由于筋材上测点有限所致。

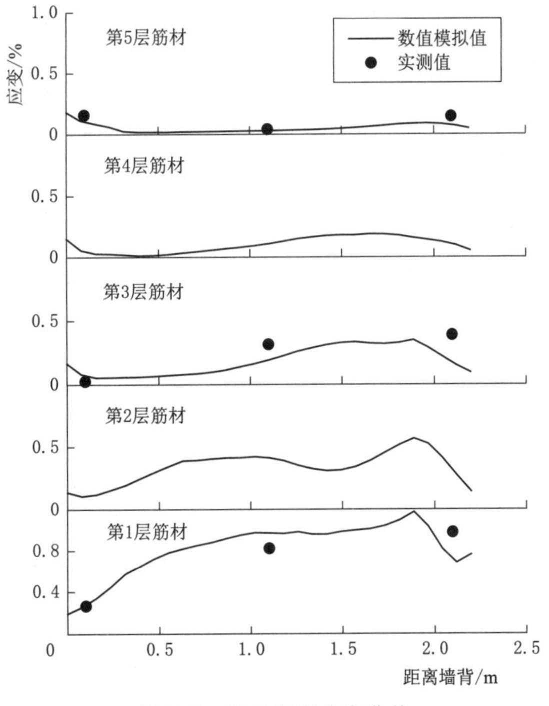

图 5.7 筋材应变分布曲线

总体上看，各层筋材的应变从顶层至底层依次增大，这是因为：①挡墙水平位移呈顶部小、底部大的线性分布，水平位移大使得筋土界面摩擦增大，筋材应变随之增大；②地基差异沉降明显，而墙顶沉降均匀，故挡墙下部的筋材会因地基不均匀沉降而被拉长，应变也会相应增大。

在筋材长度方向，总体上各层筋材应变均随距墙背距离的增加而增大，这是因为地基的不均匀沉降使得加筋体也产生相应的弯曲变形，且加筋体顶部和底部沉降的最大值均位于其后缘（见图 5.6）。只有第 5 层筋材应变最大值位于筋材与面板连接处，其原因是面板后的墙顶填土与面板发生了较大的差异沉降（见图 5.6），导致此处筋材应变偏大。虽然挡墙发生大变形，但各层筋材最大应变不超过 1.2%，仍属于工作应力状态下筋材应变的范围，这是由于挡墙发生深层滑动，滑动面位于筋材后缘，加筋体发生整体移动，筋材作用未能进一步发挥。

5.3.4　筋材拉力

图 5.8 为数值计算的筋材与面板连接处的拉力以及填土中筋材最大拉力（距离连接处 0.5m 范围以外的最大拉力）沿墙高的分布曲线，图中还给出了采用《土工合成材料应用技术规范》，(以下简称规范，GB/T 50290—2014）计算的筋材最大拉力值。由图可见，筋材连接力沿墙高分布均匀，各层筋材连接力均约为 1kN/m，除第 4 层、第 5 层筋材连接力与其最大拉力接近之外，其余筋材连接力均明显小于最大拉力。刚性地基上模块式加筋土挡墙的筋材连接力因受到填土压实、面板旋转等因素影响，通常为各层筋材中的最大拉力[9-10,30,57]。而本书挡墙因面板与加筋区土体一起位移，筋材连接处拉力没有被充分激发，导致筋材连接力较小。

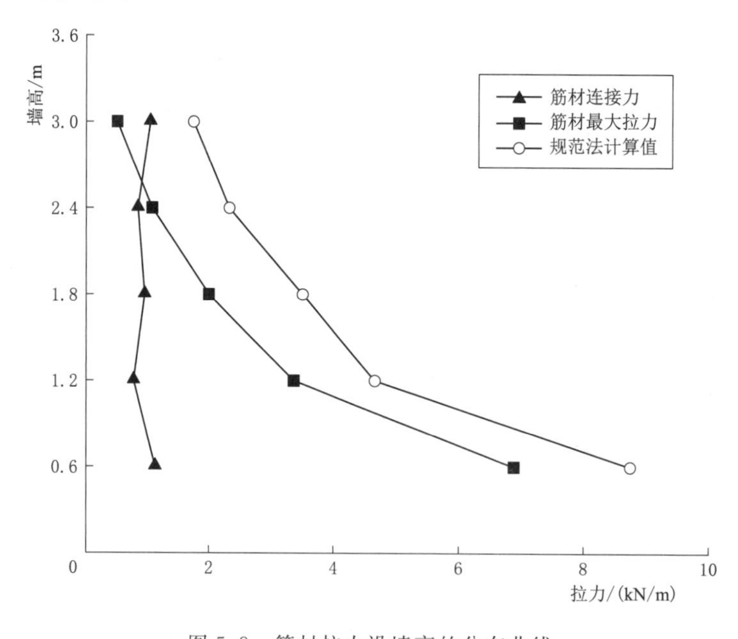

图 5.8　筋材拉力沿墙高的分布曲线

各层筋材最大拉力沿墙高呈顶部小、底部大的三角形分布，与规范法计算值分布规律一致，但数值上小于规范法计算值。刚性地基上模块式加筋土挡墙的试验和数值模拟结果表明，当墙趾被固定或墙趾界面剪切刚度较大时，墙趾对挡墙约束作用大，筋材最大拉力沿墙高呈现顶底部小、中间大的梯形分布，在墙趾剪切刚度不断减小至 0 的过程中，墙趾约束作用也逐渐减小，筋材最大拉力沿墙高分布越来越接近规范法计算值的三角形分布[19,45,62]。从图 5.5 所示的墙面和基座水平位移来看，基座比底层模块位移更大，因此模块-基座界面的摩擦力不仅不会约束墙面位移，还会带动面板向外滑移，再结合图 5.8 所示的筋材最大拉力分布形态，可以判断墙趾已经失去了对挡墙的约束作用。

5.4 设计思路探讨

本书挡墙处于深层滑动极限状态，而规范规定深层滑动稳定系数应不低于 1.3。从上一节对挡墙变形和受力的分析来看，当前规范推荐的 0.7H（墙高）的筋材长度对于软弱地基上加筋土挡墙来说是不足的，导致加筋作用未能完全发挥，这是造成挡墙稳定性不足的原因之一；另一方面，墙趾处没有任何防护措施，导致墙趾带动面板随地基一起滑移，面板对挡墙变形的约束作用没有发挥，这也在一定程度上造成了挡墙稳定性不足。因此，提高软弱地基上模块式加筋土挡墙稳定性应从两个方面着手：一是增加筋材长度；二是增加墙趾防护措施。

采用有限元数值模拟手段分析 4 种方案对本书挡墙稳定性的影响，4 种方案分别为：①增加底部 1 层筋材长度至 1.5H；②增加底部 2 层筋材长度至 1.5H；③增加底部和中部的 3 层筋材长度至 1.5H；④增加 0.5m 高的趾部混凝土护砌（见图 5.9），护砌的本构模型和参数选取同墙面模块。

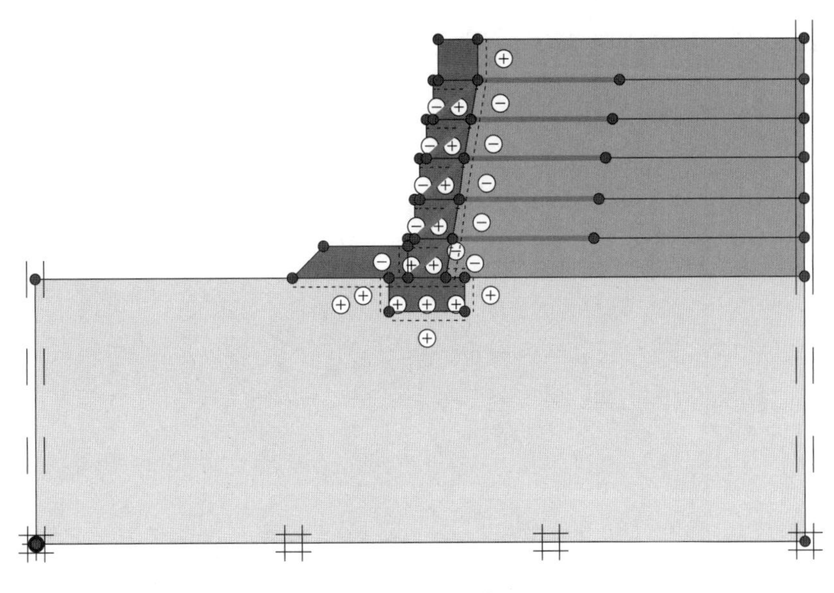

图 5.9 方案 4 数值模型

图 5.10 所示为采取不同方案挡墙的墙面水平位移。由图可见，增加趾部护砌（方案

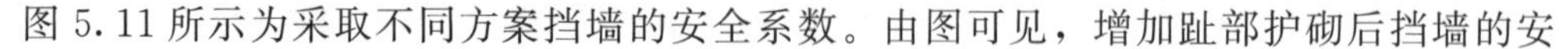

4）对控制挡墙变形最为有效，与原挡墙相比，增加护砌后，墙面底部水平位移减小了41%，顶部水平位移减小了 69%。增加底部和中部筋材的长度对减小挡墙变形的效果较为相近，均能有效减小挡墙中下部的水平位移，对减小挡墙上部水平位移的作用不大。增加筋材长度的 3 种方案中，增加底部 2 层筋材长度（方案 2）的效果最佳。

图 5.11 所示为采取不同方案挡墙的安全系数。由图可见，增加趾部护砌后挡墙的安

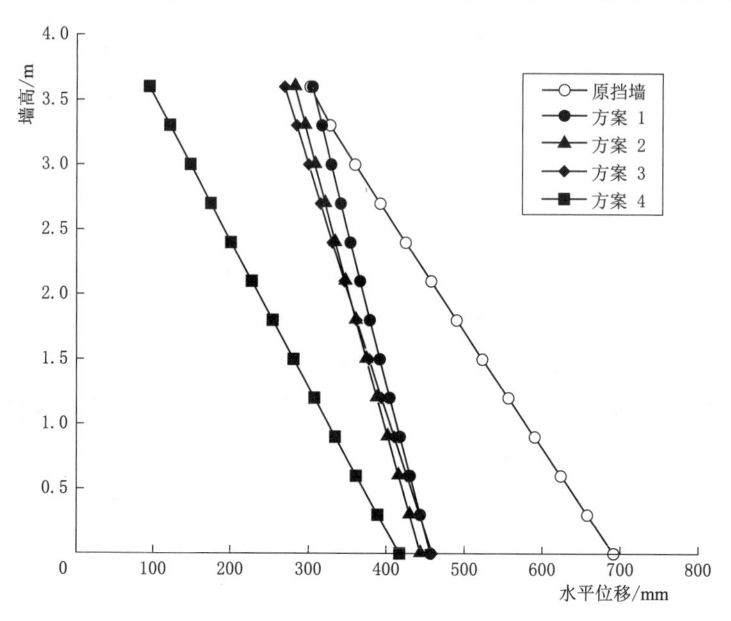

图 5.10　采取不同方案挡墙的墙面水平位移

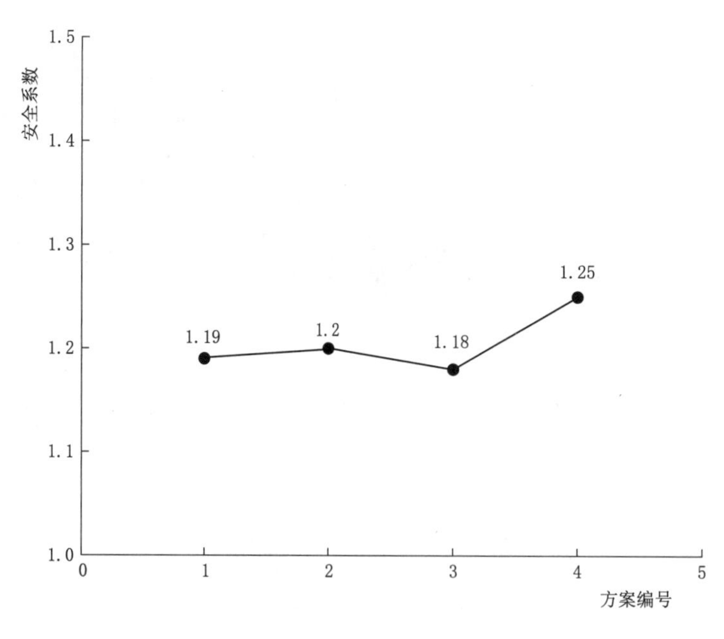

图 5.11　采取不同方案挡墙的安全系数

全系数最大，为 1.25，增加 1、2、3 层筋材长度的安全系数分别为 1.19、1.2、1.18。从增加筋材长度的 3 种方案效果来看，仅增加底部 1/3 墙高范围内的筋材长度即可。

综上，在软弱地基上模块式加筋土挡墙的设计中，若不考虑地基加固，应当增加底部 1/3 墙高范围内筋材的长度达到至少 1.5H，同时在墙趾处设置防护设施，如护砌、护脚墙等。

第6章 基于现场试验的模块式加筋土挡墙数值模拟

前述章节通过离心模型试验研究了不同墙趾约束条件下的模块式加筋土挡墙内部稳定性，并通过基于离心模型试验的数值模拟分析了模块式加筋土挡墙的墙趾界面剪切特性，以研究墙趾约束机理。离心模型试验可以将缩尺模型的应力状态还原为原型的应力状态，从节约成本、时间和场地的角度考虑，离心模型试验是现场试验的一个很好的代替品。然而，本书离心模型试验建造的是一个理想的挡墙模型，与实际工程仍存在一些差别，比如，离心模型试验所模拟的原型挡墙墙面模块尺寸较大、地基尺寸有限。基于这一问题，有必要对实际的模块式加筋土挡墙进行数值模拟，以进一步研究墙趾约束作用。美国华盛顿州交通局在西雅图建造了一座6.3m高的模块式加筋土挡墙，并对其进行了现场监测，获得了筋材应变和筋材拉力的实测数据[9]。本章基于这一模块式加筋土挡墙实际工程，采用FLAC有限差分程序建立考虑墙趾真实约束条件的挡墙数值模型，研究实际模块式加筋土挡墙的筋材应变、筋材拉力、墙趾界面剪切特性以及墙趾荷载分担比，研究结果为第3章和第4章所得到的墙趾约束机理提供佐证，也作为下一章“模块式加筋土挡墙受力机制分析”的模型验证。

6.1 工程概况[9]

由美国华盛顿州交通局（WSDOT）设计并监督建造的模块式土工格栅加筋土挡墙位于华盛顿州西雅图东南部Maple Valley附近的SR－18高速公路，2005年6月始建，2006年8月完工，是第一座采用K-刚度法设计的加筋土挡墙。K-刚度法是一种经验设计方法，该方法认为工作应力下加筋土挡墙的筋材拉力沿墙高呈梯形分布，其公式如下：

$$T_{\max}=\frac{1}{2}K(\gamma H+q)S_{v}D_{\mathrm{tmax}}\Phi_{g}\Phi_{\mathrm{local}}\Phi_{\mathrm{fb}}\Phi_{\mathrm{fs}} \tag{6.1}$$

式（6.1）中侧向土压力系数k，按下式计算：

$$K=1-\sin(\varphi_{\mathrm{ps}}) \tag{6.2}$$

式中：φ_{ps}为土体平面应变摩擦角，（°）；γ为填土重度，$\mathrm{N/m^3}$；H为墙面高度，m；q为墙顶附加荷载，Pa；S_v为筋材竖向间距，m；D_{tmax}为筋材拉力分布系数；Φ_g为挡墙整体刚度系数；Φ_{local}为挡墙局部刚度系数；Φ_{fb}为墙面仰角系数；Φ_{fs}为墙面刚度系数。

如图6.1所示，挡墙高6m，长200m，墙面竖直。共铺设10层筋材，筋材竖向间距

0.6m，长度7.9m，其中底层筋材距地基表面0.2m，材料为坦萨UXK1100高密度聚乙烯单向土工格栅。素混凝土基座宽度为600mm，厚度150mm。墙面混凝土模块尺寸为460mm×300mm×200mm（长×宽×高）。墙背填土为级配良好的粉质砂土，最大粒径38mm，含水率为6.2%，经压实后重度为21.7kN/m³，经三轴试验得到的内摩擦角为47°。

(a) 完工后的挡墙

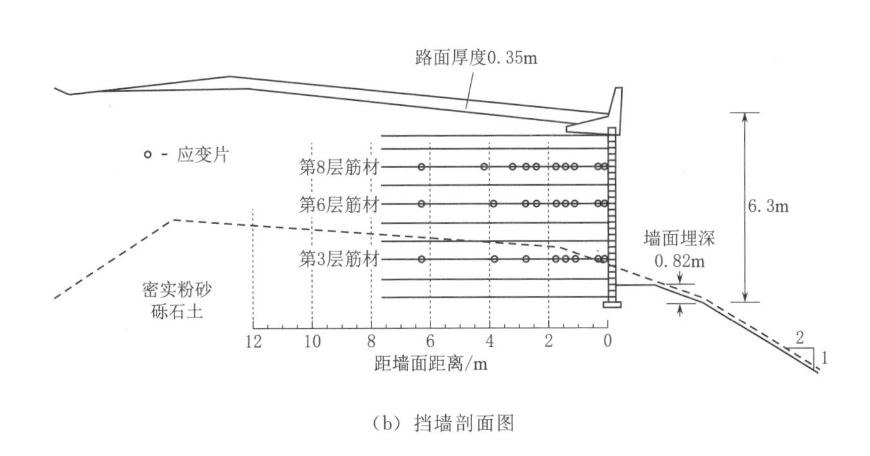

(b) 挡墙剖面图

图6.1 挡墙示意图[9]

挡墙分层填筑，建造高度与时间关系曲线如图6.2所示。由图可见，最后一层填土填筑完成的时间是4060h，此时墙高6m。从7200h至10100h进行墙顶路面的铺设工作，最终墙高为6.3m。本书数值模拟的阶段为挡墙填筑阶段（0～4060h）。

挡墙第3层、第6层、第8层筋材为测点层，其上粘贴应变片以测量筋材应变，筋材应变测点布置如图6.1（b）所示。

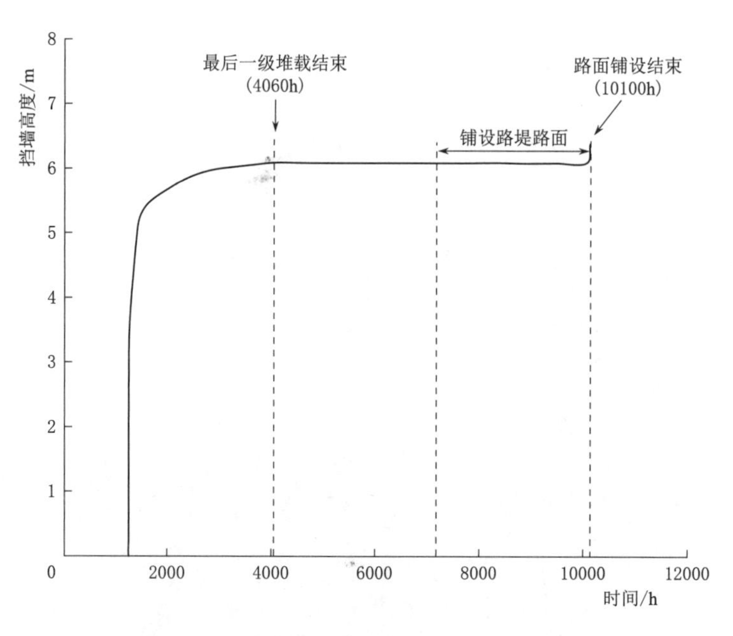

图 6.2　挡墙填筑的建造高度与时间关系曲线

6.2　数值模型

6.2.1　模型建立

采用有限差分程序 FLAC 建立 WSDOT 模块式加筋土挡墙数值模型，如图 6.3 所示。挡墙分层填筑模拟过程为：首先在地基中的水平基座上放置一墙面模块（见图 6.3 详图），而后铺设模块对应高度的填土，对填土表面施加 8kPa 竖直向下的均布荷载以模拟实际挡墙建造过程中对填土的压实[43-44]，如此往复，直至挡墙填筑至预定高度。

6.2.2　材料本构模型及参数

地基土和填土采用莫尔-库仑模型。混凝土模块采用线弹性模型模拟。表 6.1 给出了根据土工试验得出的地基土、填土和墙面模块本构模型参数[9]。其中土体摩擦角为平面应变摩擦角。

土工格栅采用锚杆单元模拟。本工程中所用的塑料土工格栅具有蠕变特性。对其做了 4060h 的等时蠕变试验，得到的不同应变下的切线轴向刚度数据如图 6.4 所示，拟合得到的切线刚度 $J(\varepsilon)$ 曲线可表示为

$$J(\varepsilon)=\frac{1}{\frac{1}{J_0}+a\cdot\varepsilon} \tag{6.3}$$

式中：J_0 为初始刚度，N/m；a 为拟合参数，N/m；ε 为筋材应变。

由图 6.4 可见，J_0 和 a 分别为 519kN/m 和 0.1kN/m。该土工格栅筋材刚度随其应

变的增大而降低，在数值模拟中，通过 FISH 语言不断更新筋材刚度来考虑其蠕变特性。筋材的其他参数列于表 6.1。

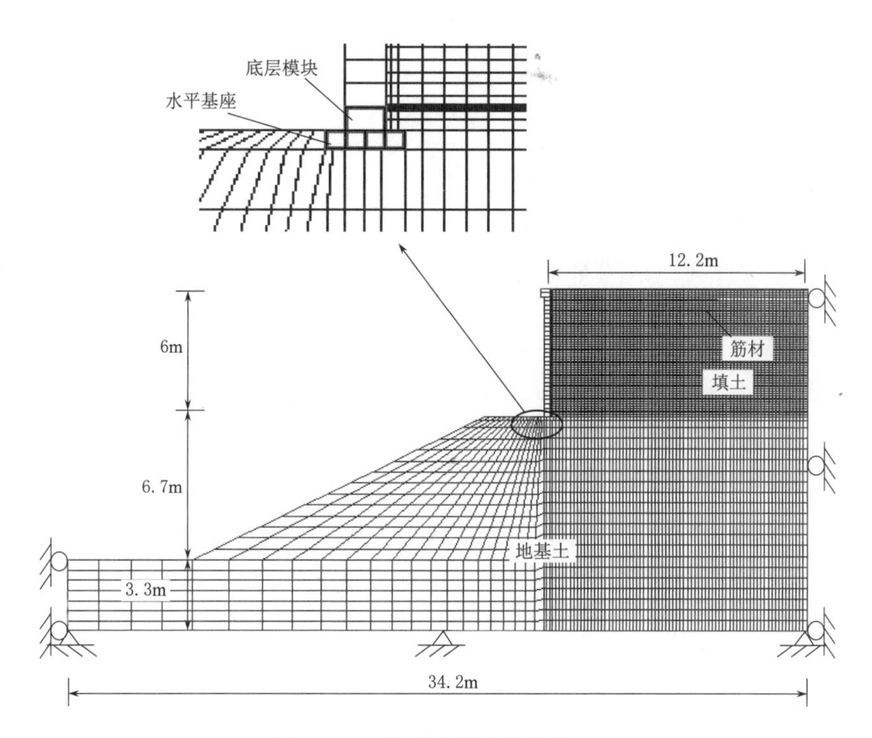

图 6.3　现场试验挡墙数值模型

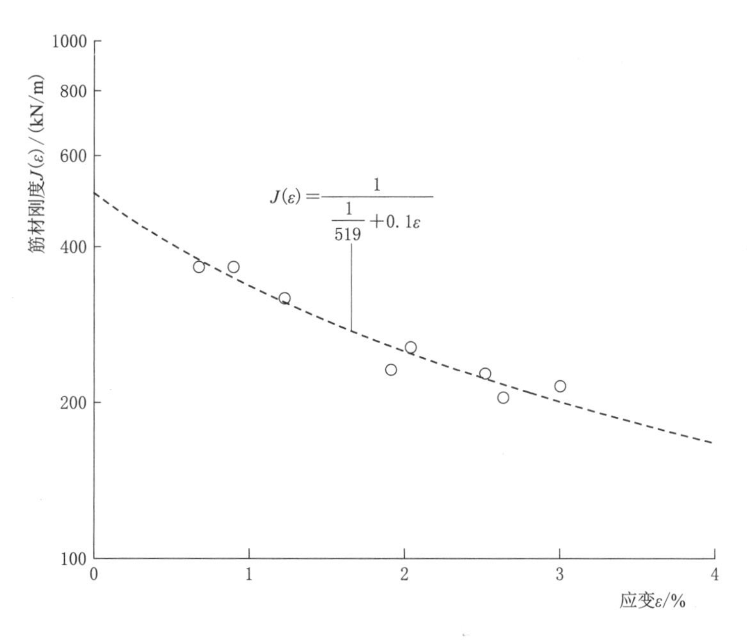

图 6.4　筋材切线刚度曲线

表 6.1　现场试验挡墙数值模型参数

参　　数	量　　值
填土和地基土	
密度 ρ/(kg/m^3)	2200
摩擦角 φ/(°)	54
剪胀角 ψ/(°)	14
黏聚力 c/kPa	2
弹性模量 E/MPa	80
泊松比 ν	0.3
筋　　材	
刚度 J/(kN/m)	变化值
抗拉强度 T_y/(kN/m)	52
面积 A/(m^2/m)	2×10^{-3}
筋土界面剪切刚度 K_{sg}/[(MN/m) /m]	1
筋土界面黏结力 c_g/(kN/m)	2.5
筋土界面摩擦角 φ_g/(°)	43
模块-模块界面	
摩擦角 φ_{bb}/(°)	36
黏聚力 c_{bb}/kPa	58
法向刚度 K_{nbb}/(MPa/m)	1000
剪切刚度 K_{sbb}/(MPa/m)	40
填土-模块界面	
摩擦角 φ_{sb}/(°)	43
黏聚力 c_{sb}/kPa	1.3
法向刚度 K_{nsb}/(MPa/m)	100
剪切刚度 K_{ssb}/(MPa/m)	1
模块-基座界面	
摩擦角 φ_{bp}/(°)	36
黏聚力 c_{bp}/kPa	0
法向刚度 K_{nbp}/(MPa/m)	1000
剪切刚度 K_{sbp}/(MPa/m)	23

续表

参　　数	量　　值
基座-地基界面	
摩擦角 φ_{pf}/(°)	43
黏聚力 c_{pf}/kPa	1.3
法向刚度 K_{npf}/(MPa/m)	1000
剪切刚度 K_{spf}/(MPa/m)	10
基座-地基竖向界面	
摩擦角 φ_{pfv}/(°)	43
黏聚力 c_{pfv}/kPa	1.3
法向刚度 K_{npfv}/(MPa/m)	1000
剪切刚度 K_{spfv}/(MPa/m)	10
基座-填土界面	
摩擦角 φ_{ps}/(°)	43
黏聚力 c_{ps}/kPa	1.3
法向刚度 K_{nps}/(MPa/m)	1000
剪切刚度 K_{sps}/(MPa/m)	10

6.2.3　界面本构模型及参数

模块-模块界面、填土-模块界面、模块-基座界面和基座-地基界面均采用莫尔-库仑界面模型，参数列于表6.1。

对于填土-模块界面和基座-地基界面，摩擦角和黏聚力可通过折减填土摩擦角和黏聚力得出，折减系数为2/3[57]。基座-地基界面的剪切刚度和法向刚度分别为10MPa/m和1000MPa/m，由于填土-模块界面法向受力较小，其剪切刚度和法向刚度为基座-地基界面的1/10[57]。基座-地基竖向界面和基座-填土界面按照基座-地基界面参数取值。

Bathurst et al.[23] 对模块式加筋土挡墙的模块-模块界面开展直剪试验，测得界面摩擦角和黏聚力分别为36°和58kPa。模块-模块界面的剪切刚度和法向刚度参照文献[57]选取40MPa/m和1000MPa/m。

与模块-模块界面相比，模块-基座界面没有剪力键，其摩擦角和法向刚度仍可选取36°和1000MPa/m，但其黏聚力应接近于0，剪切刚度应小于40MPa/m。模块-基座界面的剪切刚度可根据该界面的剪切刚度计算模型［式（2.3）～式(2.5)］来确定，也可通过查图6.5来确定。由图6.5可见，挡墙数值模型的墙高为6m，模块-基座界面摩擦角为36°，由本书提出的模块-基座界面剪切刚度模型计算得到的界面剪切刚度为23MPa/m。

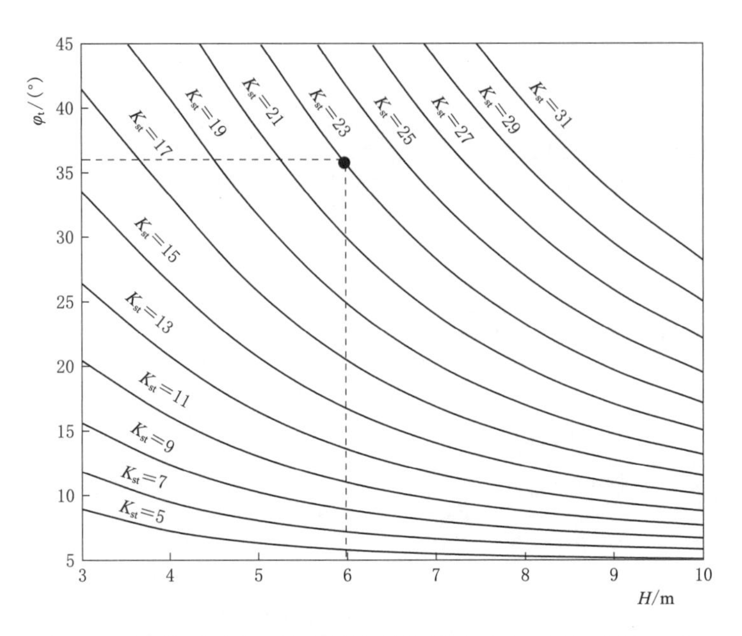

图 6.5　模块-基座界面剪切刚度计算模型（K_{st} 单位：MPa/m）

6.3　数值模拟结果

6.3.1　筋材应变

图 6.6 为挡墙填筑结束时第 3 层、第 6 层、第 8 层筋材轴向应变分布曲线。由图可见，第 3 层、第 6 层筋材应变的数值计算值与实测值吻合较好，实测和计算的筋材应变均在墙面连接处最大，而后随距离墙面的增大而减小。通常墙面连接处筋材由于受到地基沉降和填土压实产生的下拉力影响，其应变最大。但第 8 层筋材应变的计算值要大于实测值，特别是墙面处筋材实测值偏小，这是由于在实际挡墙建造过程中墙面和筋材之间的连接有时会产生一定的松动[9]，而数值模拟中不会出现松动的问题。

6.3.2　筋材拉力与连接力

图 6.7 为挡墙填筑结束时填土中各层筋材最大拉力 T_{max} 沿墙高的分布曲线。T_{max} 用于挡墙内部筋材拉断和拔出稳定性验算。为避免受墙面连接处筋材最大拉力的影响，T_{max} 可取距墙面 1m 以外的筋材最大拉力[111]。图 6.7 给出了筋材拉力的数值计算值、实测值以及 K -刚度法和 AASHTO 方法的计算值。K -刚度法各参数取值见表 6.2[9]。

表 6.2　**K -刚度法参数取值**

参　数	取　值	参　数	取　值
K	0.26	H/m	6
γ/(kN/m^3)	20.7	S_v/m	0.6

续表

参　数	取　值	参　数	取　值
Φ_{g}	0.38	Φ_{fb}	1
Φ_{local}	1.08	Φ_{fs}	0.44

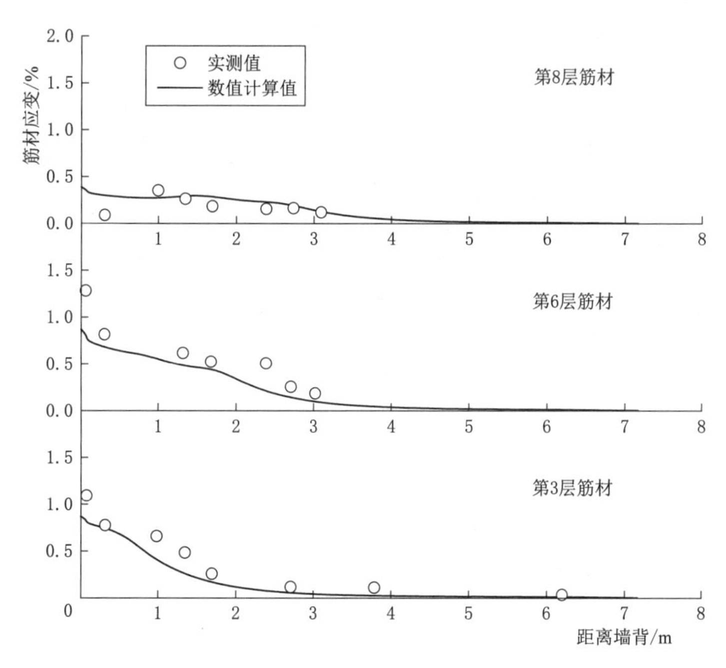

图 6.6　筋材轴向应变分布曲线

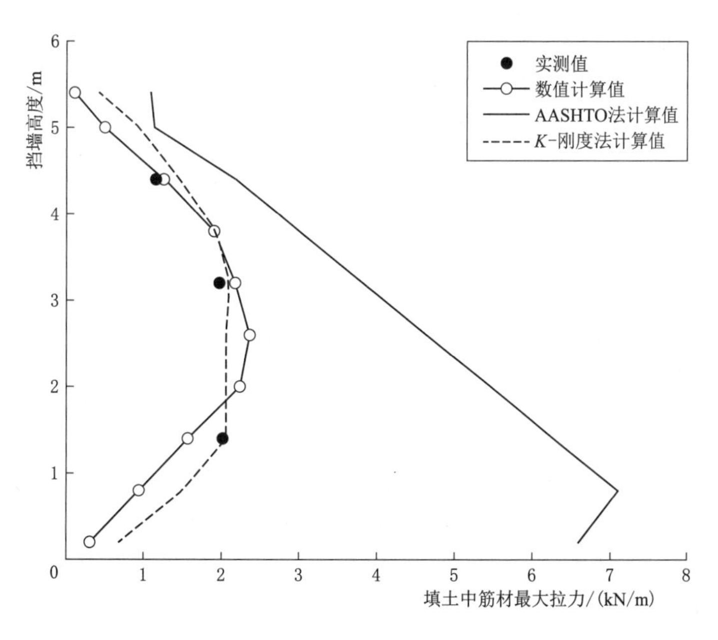

图 6.7　填土中筋材最大拉力沿墙高的分布曲线

由图6.7可见，各层筋材拉力的数值计算值与实测值、K-刚度法计算值均较为吻合，沿墙高呈顶底部小、中部大的分布，最大值约为2.4kN/m。但AASHTO法计算值显然偏大了很多。

图6.8为挡墙填筑结束时墙面处筋材连接拉力沿墙高的分布曲线。同图6.6所示墙面接连处筋材应变分布一致，第8层筋材拉力计算值大于实测值，但总体上计算和实测的筋材连接拉力沿墙高分布较一致。

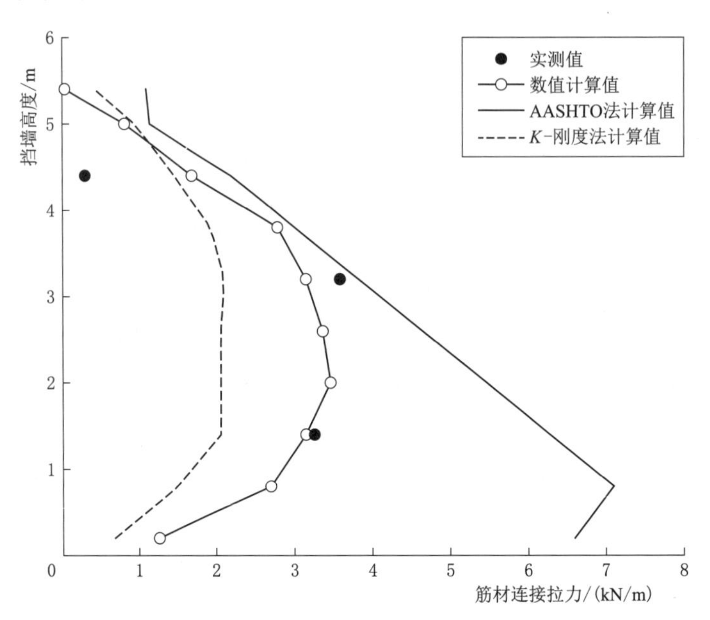

图6.8　筋材连接拉力沿墙高的分布曲线

由于受地基沉降和填土压实产生的下拉力影响，墙面处筋材连接拉力通常要大于填土中筋材最大拉力T_{max}。本书中数值计算的最大筋材连接拉力为3.5kN/m，是填土中筋材最大拉力2.4kN/m的1.5倍左右；同时，总的筋材连接拉力和总的T_{max}分别为22.4kN/m和13.4kN/m，前者是后者的1.7倍左右。这样就存在一个问题，即K-刚度法计算的T_{max}并不能用来验算筋材连接力，或者说，用于验算筋材连接力会偏于危险。而AASHTO法计算值本身偏大很多，不存在这个问题。

6.3.3　墙趾界面正应力

图6.9为墙趾界面正应力在挡墙建造过程中的变化曲线，并给出墙面自重应力曲线作为对比。由图可见，墙趾界面上的正应力随挡墙高度的增大而偏离墙面自重应力。在挡墙填筑完成时，模块-基座界面和基座-地基界面的正应力分别为362kPa和159kPa，前者约为后者的2.3倍。基座宽度为模块宽度的2倍，且基座后缘受到填土竖向压力作用，基座两侧摩阻力很小，若按竖向力的平衡来分析，模块-基座界面正应力应不超过基座-地基界面正应力的2倍，但在挡墙填筑完成时，墙面向外转动，同时基座由于地基沉降而向内倾斜，如图6.10所示，这使得模块-基座界面出现偏心应力情况，导致模块-基座界面要比基座-地基界面正应力大很多。

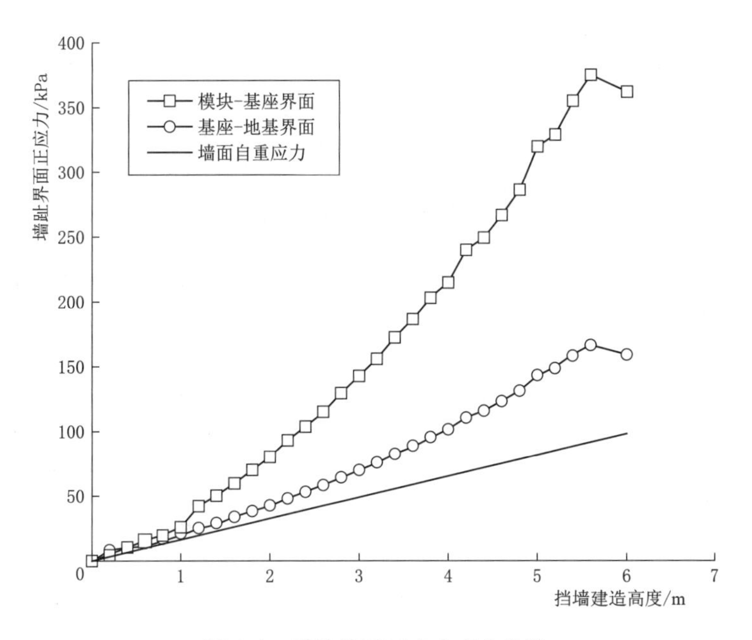

图 6.9 墙趾界面正应力变化曲线

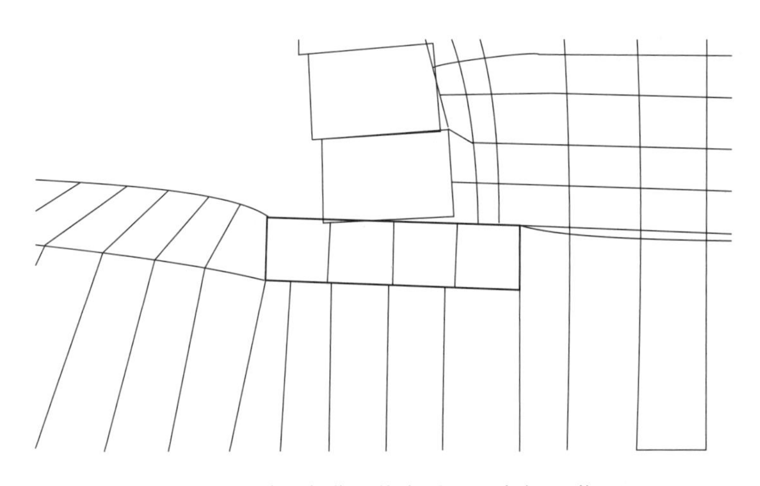

图 6.10 墙趾部位网格变形图（放大 15 倍）

挡墙填筑结束时，现场试验挡墙墙趾正应力系数（模块-基座界面正应力与墙面自重应力之比）为 3.7。根据第 4 章数值模拟结果，3.6m 高墙趾正常约束挡墙的墙趾正应力系数为 1.3，比现场 6m 高的试验挡墙的墙趾正应力系数要小。挡墙高度增加，筋材对墙面产生的下拉力、墙背填土对墙面模块向下的摩擦力增加，墙面模块的尺寸减小，墙面更易向外转动，墙趾界面的偏心压力增大，这些原因导致本章现场试验挡墙的墙趾正应力系数更大。

值得注意的是，图 6.9 中挡墙建造至 4.8m 时，模块-基座界面正应力快速增大，至 5.6m 时，又开始减小，这应是挡墙建造至 4.8m 时，墙面向外转动幅度突然增大，模块-基座界面偏心应力随之快速增大，此后墙面位移慢慢稳定，直至 5.6m 时，模块-基座界面的偏心应力开始减小造成的。

6.3.4　墙趾界面剪应力

图 6.11 为墙趾界面剪应力随挡墙填筑高度的变化曲线。由图可见，墙趾界面的剪应力随挡墙高度增加而增大，且模块-基座界面剪应力较基座-地基界面大很多，这与第 4 章中墙趾正常约束挡墙的墙趾界面剪应力情况一致。至挡墙建造完成，模块-基座界面和基座-地基界面的剪应力分别为 41.9kPa 和 2.2kPa，前者约为后者的 19 倍。根据第 4 章墙趾正常约束的离心机试验挡墙模拟结果，模块-基座界面的剪应力是基座-地基界面剪应力的 6 倍，小于本章结果，原因如图 6.9 所示，本章现场试验挡墙模块-基座界面的正应力要比基座-地基界面大很多。

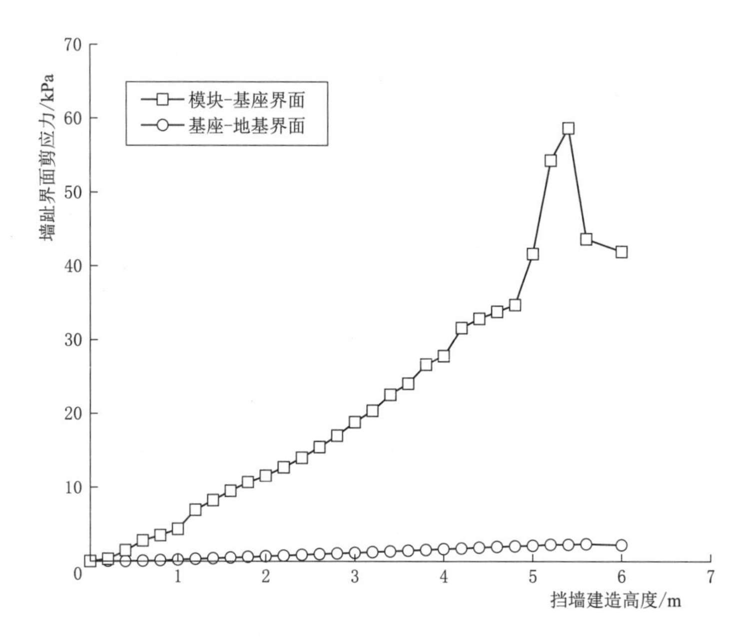

图 6.11　墙趾界面剪应力变化曲线

图 6.11 中，挡墙建造至 4.8m 时，模块-基座界面剪应力快速增大，后又减小的现象与图 6.9 中模块-基座界面正应力曲线变化情况是对应的。

6.3.5　墙趾界面剪切位移

图 6.12 为墙趾界面剪切位移随挡墙填筑高度的变化曲线。由图可见，在挡墙建造过程中，模块-基座界面的剪切位移大于基座-地基界面剪切位移，至挡墙填筑结束时，模块-基座界面和基座-地基界面的剪切位移分别为 1.7 和 0.2mm。可见，同第 4 章墙趾正常约束的挡墙 W1 一样，本章现场试验挡墙的基座-地基界面剪切刚度虽小，但其所承受的剪应力也很小，墙趾并没有沿着基座-地基界面产生滑移破坏，模块-基座界面对挡墙起到主要的约束作用。

6.3.6　墙趾与筋材承担荷载

图 6.13 为数值计算的墙趾和筋材承担荷载随挡墙填筑高度的变化曲线。挡墙水平

土压力由总的墙面筋材连接力和墙趾阻力共同承担。由图 6.13 可见，墙趾和筋材承担荷载均随挡墙填筑高度而增加，在挡墙填筑至 3.2m 之前，墙趾承担荷载大于筋材承担荷载，之后筋材承担荷载大于墙趾承担荷载。当挡墙建造至 6m 高度时，墙趾和筋材分别承担了 12.6kN/m 和 22.4kN/m 的荷载，也即两者分别承担了约 36%和 64%的总荷载。

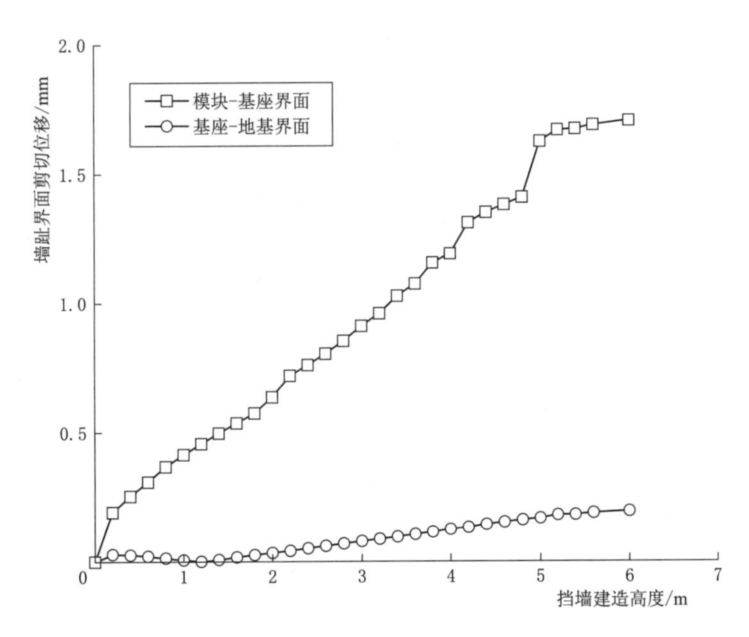

图 6.12 墙趾界面剪切位移变化曲线

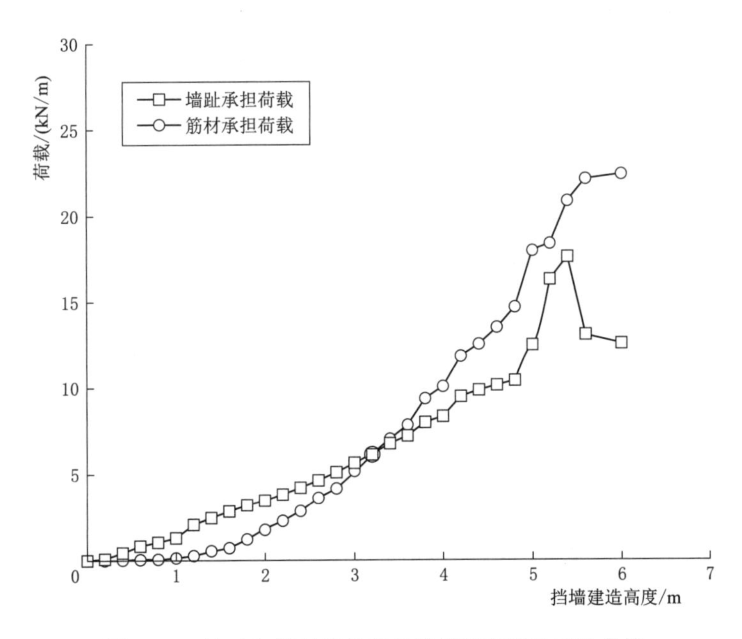

图 6.13 墙趾与筋材承担荷载随挡墙高度的变化曲线

由此可见，本章得出的墙趾承担荷载比例要远小于本书第 4 章墙趾正常约束挡墙得出的 78.2%的墙趾荷载比例，由此可见，墙趾荷载分担比会随墙高的增大而减小。

Huang et al.（2010）[46] 采用 FLAC 模拟一同样为 6m 高、筋材间距 0.6m、筋材为土工格栅的刚性地基上模块式加筋土挡墙，得到墙趾荷载分担比例为 54%，高于本章现场试验挡墙的墙趾荷载比例。这说明刚性地基较实际压缩性地基会放大墙趾承担的荷载比例，其原因仍是地基沉降使得墙面筋材连接力增大。

第7章　模块式加筋土挡墙受力机制分析

本书离心模型试验结果以及基于离心模型试验的数值模拟结果表明，墙趾约束条件对墙趾承担荷载的能力影响显著，从而影响墙趾、筋材的荷载分担比，即挡墙受力机制。Huang et al.（2010）[46] 对刚性地基上的模块式筋土挡墙室内足尺试验进行数值模拟，研究结果表明，对墙趾进行约束的结构单元的刚度改变，墙趾荷载分担比随之改变。由此可见，墙趾约束条件对墙趾荷载影响的定量化研究有助于准确预测筋材拉力。然而，以上数值模拟研究均基于挡墙试验模型，还未对实际的模块式加筋土挡墙进行受力机制分析。

本章以第6章数值模拟为基础，建立实际模块式加筋土挡墙基准数值模型，并通过大型界面直剪试验建立的墙趾界面剪切刚度与界面摩擦角的对应关系，对墙趾约束进行定量化处理，将其用于挡墙数值模型中，定量研究墙趾约束对墙趾承担荷载的影响，明确模块式加筋土挡墙受力机制。在基准模型基础上，进一步分析挡墙高度、墙面仰角、筋材刚度、筋材间距以及填土摩擦角对挡墙受力机制的影响。

7.1　力学分析模型

如图7.1所示，模块式加筋土挡墙墙面受到的填土水平压力通过墙面混凝土模块间的剪力键向下传递至墙趾，墙趾界面由此产生的摩擦阻力与总的筋材连接力一起平衡墙背水平土压力，即

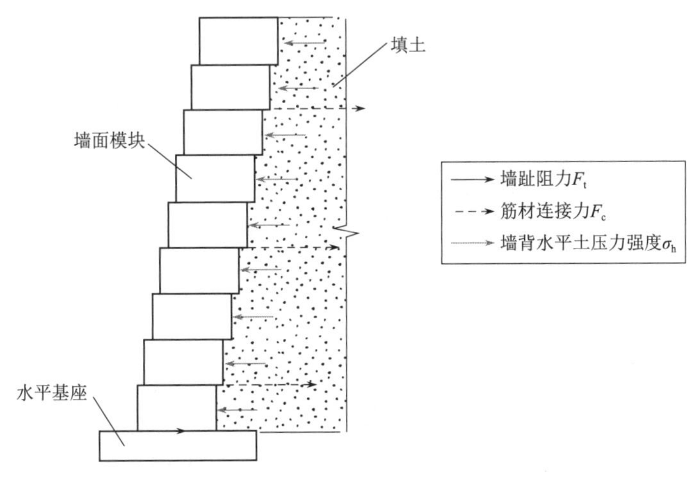

图7.1　力学分析模型

$$F_h = \sum \sigma_h = F_t + F_c \tag{7.1}$$

式中：F_h 为墙背水平土压力，N/m；σ_h 为作用墙背上的水平应力，Pa；F_t 为对挡墙起主要约束作用的墙趾界面上的摩擦阻力，N/m，即墙趾承担的荷载；F_c 为各层筋材连接力之和，即筋材承担的荷载，N/m。

7.2　墙趾与筋材荷载分担比

对第 6 章现场试验挡墙数值模型稍作修改，墙面仰角改为 5°，筋材长度改为 0.7H（即 4.2m），填土宽度改为 8m，地基形状改为矩形，厚度仍为 10m，宽度为 17.8m，其余尺寸保持原状，修改后的挡墙数值模型如图 7.2 所示。该挡墙数值模型的各材料参数取值列于表 7.1，其中基座与地基竖向界面以及基座与填土界面按照基座-地基界面参数取值，不在表中单独列出。将该挡墙模型作为基准模型。

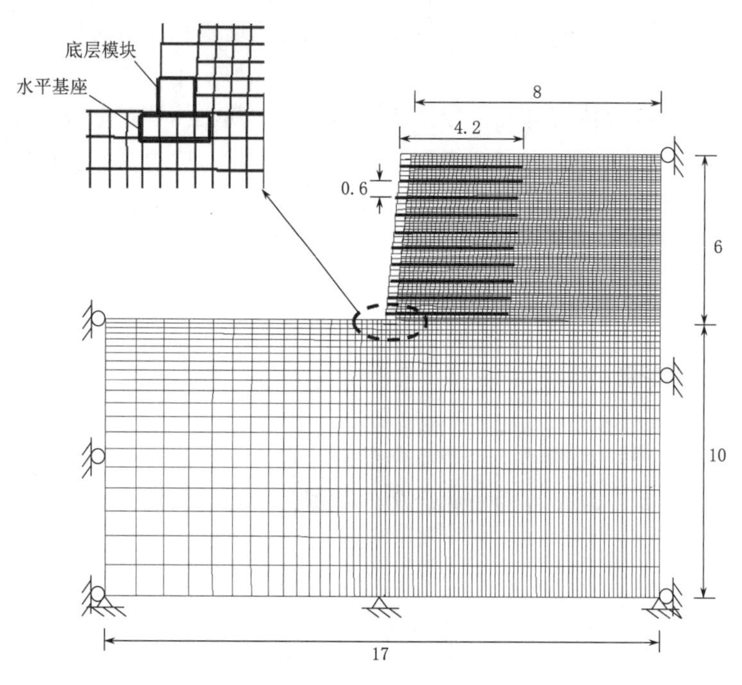

图 7.2　挡墙基准数值模型（单位：m）

表 7.1　挡墙基准模型参数

参　数	量　值
填　土	
密度 ρ/(kg/m^3)	1600
摩擦角 φ/(°)	40
黏聚力 c/kPa	1
弹性模量 E/MPa	40

续表

参　　数	量　值
泊松比 ν	0.3
地　基　土	
密度 ρ/(kg/m^3)	1600
摩擦角 φ/(°)	40
黏聚力 c/kPa	1
弹性模量 E/MPa	40
泊松比 ν	0.3
墙 面 模 块	
密度 ρ/(kg/m^3)	2200
弹性模量 E/MPa	2.3×10^4
泊松比 ν	0.15
筋　　材	
刚度 J/(kN/m)	1000
抗拉强度 T_y/(kN/m)	100
面积 A/(m^2/m)	2×10^{-3}
筋土界面剪切刚度 K_{sig}/[(MN/m) /m]	1
筋土界面黏结力 c_{ig}/(kN/m)	2.5
筋土界面摩擦角 φ_{ig}/(°)	30
模 块-模 块 界 面	
摩擦角 φ_{bb}/(°)	57
黏聚力 c_{bb}/kPa	46
法向刚度 K_{nbb}/(MPa/m)	1000
剪切刚度 K_{sbb}/(MPa/m)	40
填 土-模 块 界 面	
摩擦角 φ_{sb}/(°)	40
黏聚力 c_{sb}/kPa	1
法向刚度 K_{nsb}/(MPa/m)	100
剪切刚度 K_{ssb}/(MPa/m)	1
模 块-基 座 界 面	
摩擦角 φ_{bp}/(°)	变量
黏聚力 c_{bp}/kPa	1
法向刚度 K_{nbp}/(MPa/m)	1000
剪切刚度 K_{sbp}/(MPa/m)	变量
基座-地 基 界 面	
摩擦角 φ_{pf}/(°)	40

续表

参　数	量　值
黏聚力 c_{pf}/kPa	1
法向刚度 K_{npf}/(MPa/m)	1000
剪切刚度 K_{spf}/(MPa/m)	10

采用该挡墙模型进行墙趾约束条件对墙趾和筋材荷载分担比影响的量化研究。墙趾约束条件用模块-基座界面的摩擦角来量化，不需要考虑基座-地基界面的原因是，当基座被埋置时，模块-基座界面对挡墙起主要约束作用，在此基础上基座前方地基土被冲刷掉时，相当于挡墙在原挡墙基础上增加了一个基座的高度，此时对挡墙起主要约束作用的基座-地基界面可视为高度增加后的挡墙的模块-基座界面，因此，只研究模块-基座界面的约束条件即可。注意，下文中提到的墙趾界面均指模块-基座界面。

选取 5°、10°、15°、25°、45°这 5 个墙趾界面摩擦角，界面摩擦角的改变会引起界面剪切刚度的改变，根据墙趾界面剪切刚度模型，如图 7.3 所示，选取 5 个墙趾界面摩擦角所对应的界面剪切刚度。墙趾界面摩擦角和剪切刚度值列于表 7.2。

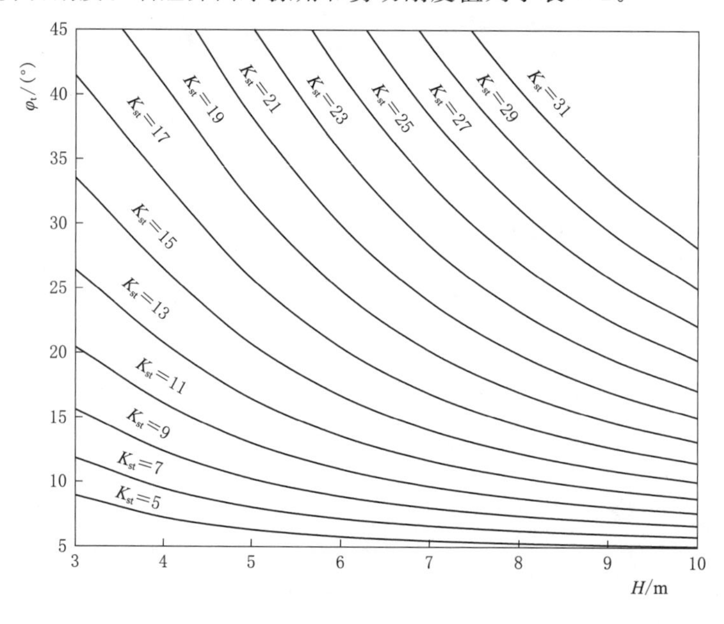

图 7.3　墙趾界面剪切刚度 K_{st} 模型（单位：MPa/m）

表 7.2　　墙趾界面摩擦角和剪切刚度取值

墙趾界面摩擦角 φ_t/(°)	墙趾界面剪切刚度 K_{st}/(MPa/m)
5	3.6
10	10.1
15	14.0
25	19.1
45	26.1

图 7.4 所示为墙趾界面摩擦角对墙趾和筋材承担荷载的影响，图中还给出了不同墙趾约束条件下的墙趾荷载和筋材荷载之和（即 F_t+F_c），以及墙背水平土压力的理论计算值 F_a。墙背水平土压力按库仑主动土压力计算，即

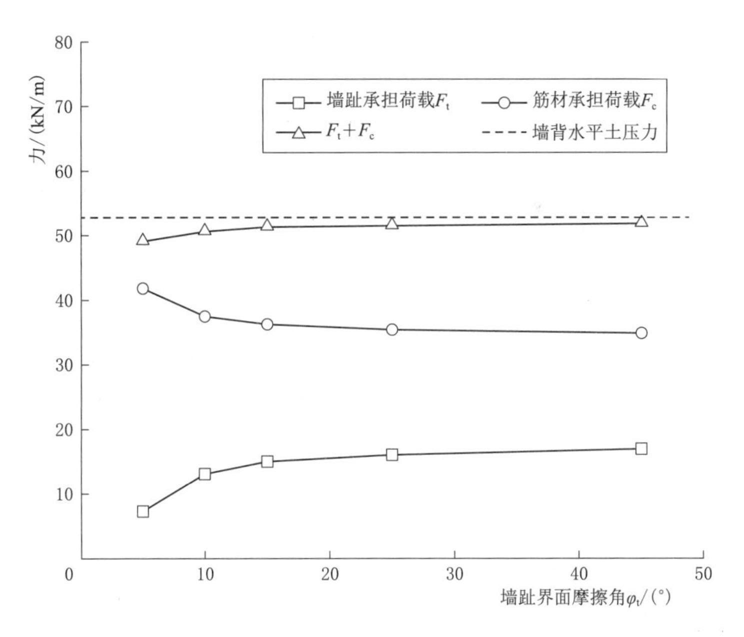

图 7.4　不同墙趾约束条件下的墙趾和筋材荷载

$$F_a=\frac{1}{2}K_a\cdot\gamma\cdot H^2 \tag{7.2}$$

式中：γ 为填土重度，N/m³，H 为挡墙高度，m；K_a 为库仑主动土压力系数，可按下式计算：

$$K_a=\frac{\cos^2(\varphi+\omega)}{\cos^3\omega\cdot\left(1+\frac{\sin\varphi}{\cos\omega}\right)^2} \tag{7.3}$$

式中：φ 为填土内摩擦角，(°)；ω 为墙面仰角，(°)。

由图 7.4 可见，在不同墙趾约束条件下，墙趾荷载和筋材荷载之和（F_t+F_c）均与墙背水平土压力的理论计算值 F_a 十分接近，这证明了本章力学模型［式（7.1)］的合理性。

由图 7.4 可见，总体上，随着墙趾界面摩擦角 φ_t 的增加，墙趾承担的荷载增大，筋材承担的荷载减小。在 φ_t 从 5°增加到 25°的过程中，墙趾荷载增大较快，从 7.3kN/m 增大到 16kN/m，在 φ_t 从 25°增加到 45°的过程中，墙趾荷载缓慢增大，从 16kN/m 增大到 16.9kN/m。相应地，随着 φ_t 的增加，筋材荷载先快速减小，后缓慢减小，在 φ_t 从 5°增加到 25°的过程中，筋材总荷载从 41.8kN/m 减小到 35.4kN/m，在 φ_t 从 25°增加到 45°的过程中，筋材总荷载从 35.4kN/m 减小到 34.9kN/m。

墙趾荷载随墙趾界面摩擦角的增加先快速增大、后变化不大的原因与挡墙的水平位移有关。如图 7.5 所示，当 $\varphi_t=5°$，墙面底层模块相对于水平基座发生较大水平位移，为 10.5mm［见图 7.5（a)］，进而带动墙面中下部的位移，墙面最大位移为 16.7mm，位于

1/3 墙高处［见图 7.5（b)］，墙面水平位移较大导致筋材连接力较大，墙趾承担的荷载较小。在 φ_t 从 5°增加到 25°的过程中，墙趾界面的剪切位移明显减小，从 10.5mm 减小至 3.2mm，相应地，墙面最大水平位移从 16.7mm 减小至 15.5mm，这导致筋材连接力快速

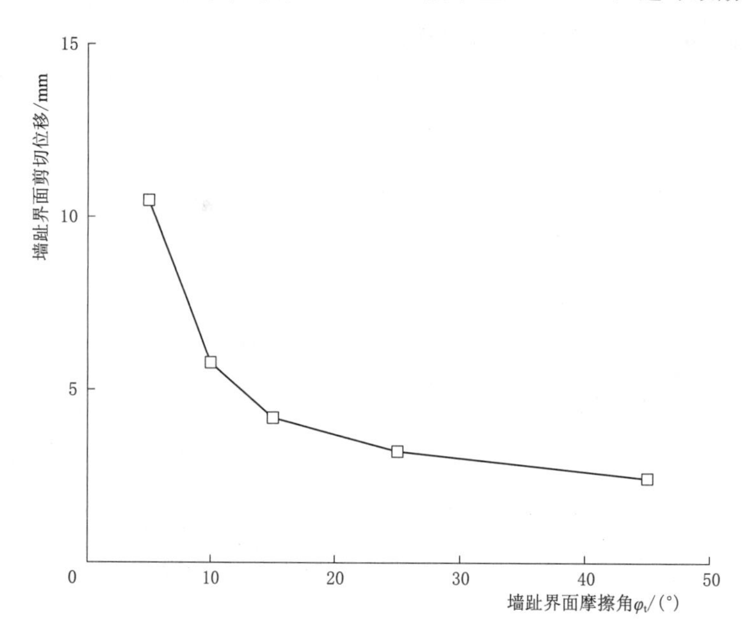

(a) 不同墙趾约束条件下墙趾界面剪切位移

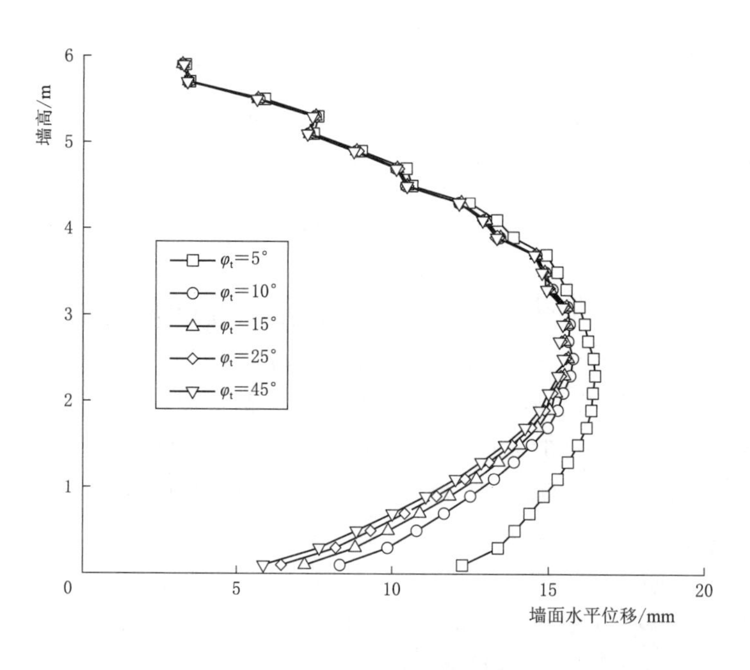

(b) 不同墙趾约束条件下墙面水平位移

图 7.5　不同墙趾约束条件下的墙趾和墙面水平位移

减小，而墙趾荷载快速增大。在 φ_t 从 25°增加到 45°的过程中，墙趾界面的剪切位移和墙面中下部水平位移变化不大，这导致此过程中筋材和墙趾承担的荷载变化缓慢。

图 7.6 所示给出了不同墙趾约束条件下墙趾和筋材的荷载分担比。与图 7.4 中墙趾和筋材荷载相对应，随着墙趾界面摩擦角 φ_t 的增加，墙趾荷载分担比先快速增大，后基本保持稳定，而筋材荷载分担比先快速减小，后基本不变。在 φ_t 从 5°增加到 25°的过程中，墙趾荷载分担比从 14.8%增大至 31.2%，在 φ_t 从 25°增加到 45°的过程中，墙趾荷载分担比从 31.2%增大至 32.7%。可见，该挡墙模型在稳定状态下，墙趾承担了约 30%的墙背水平土压力，筋材承担了约 70%的墙背水平土压力。

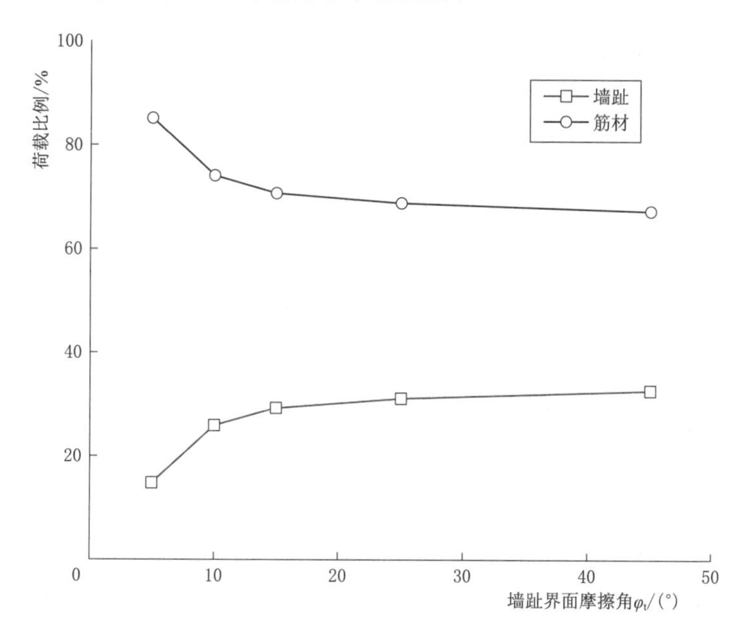

图 7.6　不同墙趾约束条件下墙趾和筋材荷载分担比

7.3　挡墙受力机制影响因素分析

模块式加筋土挡墙由墙趾和筋材共同承担墙背水平土压力。墙趾和筋材承担荷载的能力与多种因素有关，例如，挡墙高度的变化不仅会造成墙背水平土压力的变化，还会导致墙趾界面剪切刚度的变化，这些均会引起墙趾和筋材荷载的改变，也可能会引起墙趾和筋材荷载分担比的改变。

以下讨论墙高、墙面仰角、筋材刚度、筋材间距和填土摩擦角这 5 种因素对不同墙趾约束条件下的墙趾荷载分担比的影响。表 7.3 给出了各影响因素取值，其中某些因素的改变会引起挡墙其他参数的变化，例如，填土摩擦角改变会引起填土剪胀角、填土-模块界面摩擦角和基座-地基界面摩擦角的变化，因此表 7.3 中还给出了受以上 5 种因素影响的其他参数取值。墙高的改变会引起墙趾界面剪切刚度变化，故在表 7.4 中给出了各个墙高下，不同墙趾界面摩擦角所对应的界面剪切刚度。在分析每个因素的影响时，仅在挡墙基准模型的基础上，改变该因素以及与该因素相关参数的值，其余参数仍与基准模型保持一致。

表7.3 参数选取

参数	数值
墙高 H/m	4、6、8
墙面仰角 ω/(°)	0、5、10
筋材刚度 J/(kN/m)	500、1000、2000
筋材强度 T/(kN/m)	0.1J
筋材间距 S/m	0.4、0.6、0.8
填土摩擦角 φ/(°)	35、40、45
填土剪胀角 ψ/(°)	$\varphi-30$
填土-模块界面摩擦角 φ_{sb}/(°)	φ
基座-地基界面摩擦角 φ_{pf}/(°)	φ

表7.4 不同墙高对应的墙趾界面剪切刚度

墙高/m	墙趾界面剪切刚度/(MPa/m)				
	$\varphi_t=5°$	$\varphi_t=10°$	$\varphi_t=15°$	$\varphi_t=25°$	$\varphi_t=45°$
4	2.3	7.4	10.5	14.5	20.1
8	4.4	12.6	17.5	24	33

7.3.1 墙高影响

图7.7所示为墙高对墙趾荷载的影响。由图可见，在3种不同的墙高下，墙趾荷载随墙趾界面摩擦角的变化规律相同，均呈现先快速增大、后基本保持稳定的变化规律。在同

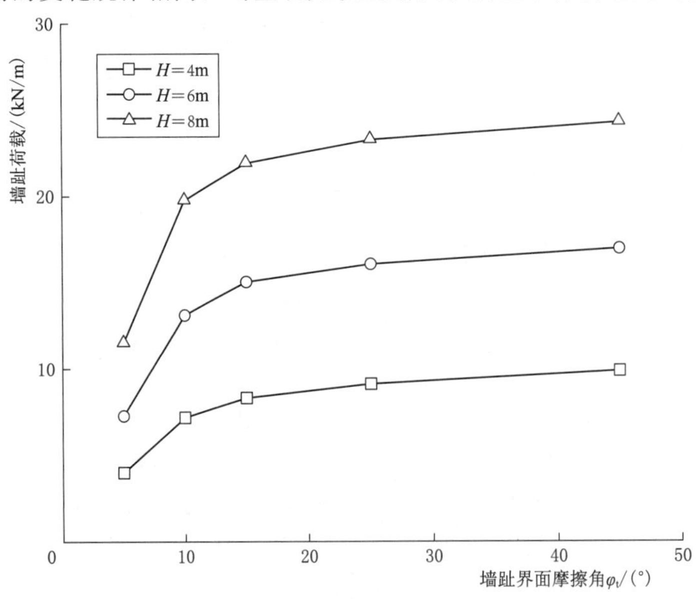

图7.7 墙高对墙趾荷载的影响

一墙趾约束条件下，墙趾荷载随墙高的增加而增大。在 φ_t 相同的情况下，挡墙高度增加，墙趾界面剪切刚度和墙背水平土压力随之增大，故墙趾荷载增大。

图 7.8 所示为墙高对墙趾荷载分担比的影响。由图可见，对于不同墙高的挡墙，墙趾荷载分担比均在 φ_t 从 5°增加到 25°的过程中快速增大，在 φ_t 从 25°增加到 45°的过程中变化较小。由此可见，墙高对墙趾荷载分担比随墙趾界面摩擦角的变化规律基本无影响。

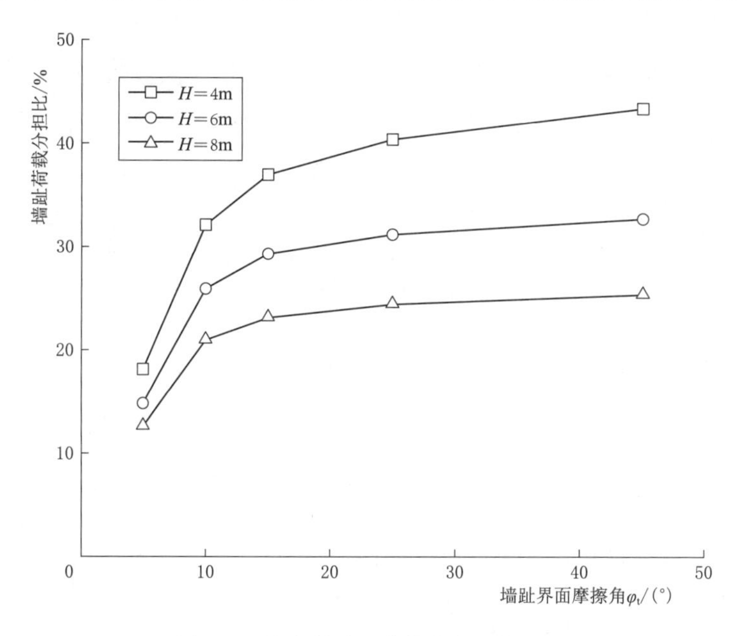

图 7.8 墙高对墙趾荷载分担比的影响

在同一墙趾约束条件下，墙趾荷载分担比随墙高的增加而减小，在挡墙达到稳定状态后，4m 高挡墙的墙趾荷载分担比稳定在 40%左右，8m 高挡墙的墙趾荷载分担比稳定在 24%左右。在 φ_t 相同的情况下，墙高增加导致墙背水平土压力增大，墙面水平位移随之增大，墙面位移激发筋材作用，筋材承担的荷载比例增加，墙趾荷载分担比相应减小。随着 φ_t 增大，墙高对墙趾荷载分担比的影响更加明显，例如，当 $\varphi_t=5°$时，墙高为 4m 和 8m 的挡墙，其墙趾荷载分担比分别为 18.1%和 12.6%，后者较前者减小 30%，当 $\varphi_t=15°$时，墙高为 4m 和 8m 的挡墙，其墙趾荷载分担比分别为 37%和 23.1%，后者较前者减小 37.6%。

7.3.2 墙面仰角影响

图 7.9 所示为墙面仰角对墙趾荷载的影响，墙面仰角为竖直方向顺时针转动至墙面的角度，墙面仰角为 0°对应墙面直立的挡墙。由图可见，在不同的墙面仰角下，墙趾荷载随墙趾界面摩擦角的变化规律基本一致。当 $\varphi_t=5°$和 10°时，墙面仰角对墙趾荷载无明显影响。当 φ_t 达到 25°后，在同一墙趾约束条件下，墙趾荷载随墙面仰角的增大而增大。墙面仰角增大，主动土压力系数减小，墙背水平土压力减小，但墙趾荷载却增大，这是因为墙面仰角大的挡墙由于受到水平土压力小，其水平位移也较小，不利于筋材作用的发挥，故墙趾承担的荷载较大。

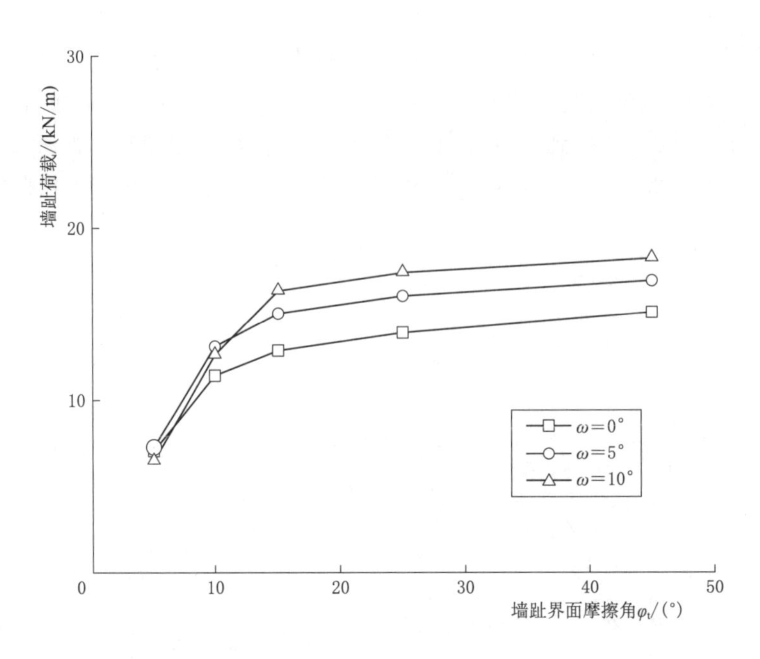

图 7.9　墙面仰角对墙趾荷载的影响

图 7.10 所示为墙面仰角对墙趾荷载分担比的影响。由图可见，随 φ_t 的增加，3 种墙面仰角的挡墙其墙趾荷载分担比先快速增大，在 φ_t 达到 25°后，墙趾荷载分担比基本不变。因此，墙面仰角对墙趾荷载分担比随墙趾界面摩擦角的变化规律基本没有影响。

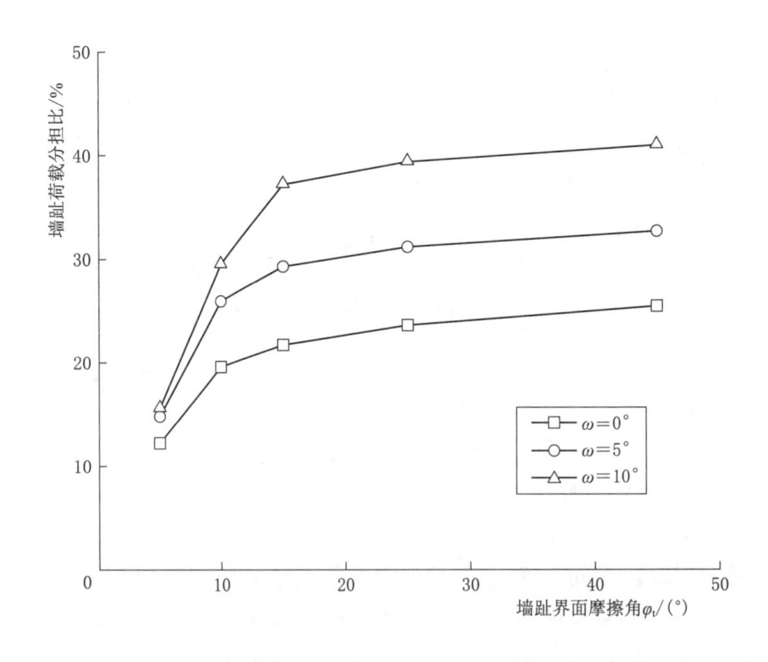

图 7.10　墙面仰角对墙趾荷载分担比的影响

与墙面仰角对墙趾荷载的影响相对应，在同一墙趾约束条件下，墙趾荷载分担比随墙面仰角的增加而增大。在挡墙达到稳定状态后，墙面仰角为 0°和 10°的挡墙的墙趾荷载分担比分别为 23%和 40%左右。随着 φ_t 增大，墙面仰角对墙趾荷载分担比的影响更加明显，例如，当 $\varphi_t=5°$时，墙面仰角为 0°和 10°的挡墙，其墙趾荷载分担比分别为 12.2%和 15.6%，后者较前者增大了 28%，当 $\varphi_t=15°$时，墙面仰角为 0°和 10°的挡墙，其墙趾荷载分担比分别为 21.7%和 31.2%，后者较前者增大了 44%。

7.3.3 筋材刚度影响

图 7.11 所示为筋材刚度对墙趾荷载的影响。由图可见，筋材刚度对墙趾荷载随墙趾界面摩擦角的变化规律基本无影响。在同一墙趾约束条件下，墙趾荷载随筋材刚度的增大而减小。筋材刚度增大，筋材承担的荷载增加，故墙趾荷载减小。

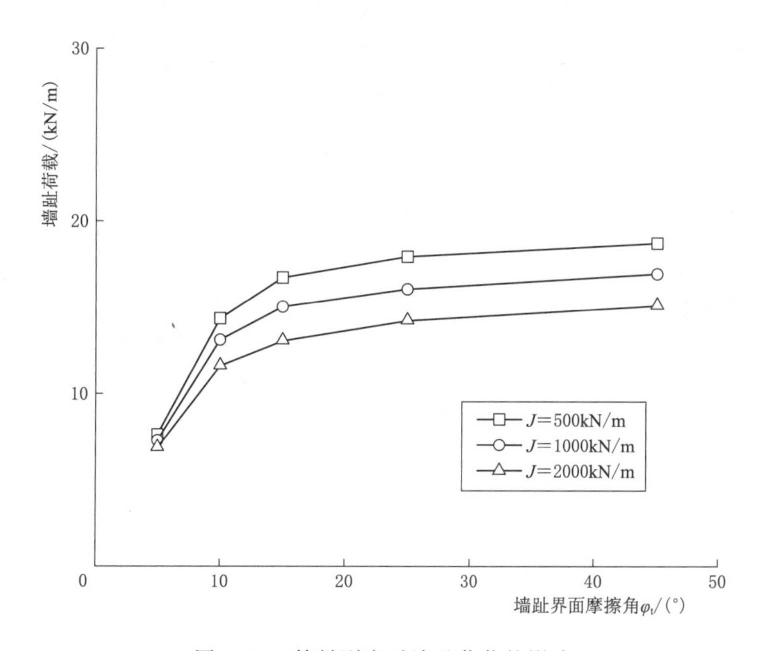

图 7.11 筋材刚度对墙趾荷载的影响

图 7.12 所示为筋材刚度对墙趾荷载分担比的影响。由图可见，不同筋材刚度的挡墙其墙趾荷载分担比随 φ_t 的变化规律相同。在同一墙趾约束条件下，墙趾荷载分担比随筋材刚度的增大而减小。在挡墙达到稳定状态后，筋材刚度为 500kN/m 和 2000kN/m 的挡墙的墙趾荷载分担比分别为 35%和 27%左右。

7.3.4 筋材间距影响

图 7.13 所示为筋材间距对墙趾荷载的影响。由图可见，筋材间距对墙趾荷载随墙趾界面摩擦角的变化规律基本无影响。在同一墙趾约束条件下，墙趾荷载随筋材间距的增大而增大。筋材间距增大，相当于筋材的整体刚度减小，筋材承担的荷载减小，故墙趾荷载增大。

图 7.14 所示为筋材刚度对墙趾荷载分担比的影响。由图可见，在不同筋材间距情况

下，墙趾荷载分担比随墙趾界面摩擦角的变化规律较为一致。在同一墙趾约束条件下，墙趾荷载分担比随筋材间距的增大而增大。在挡墙达到稳定状态后，筋材间距为 0.4m 和 0.8m 的挡墙的墙趾荷载分担比分别为 29%和 32%左右。可见，相较于墙高、墙面仰角和筋材刚度，筋材间距对墙趾荷载分担比的影响较小。

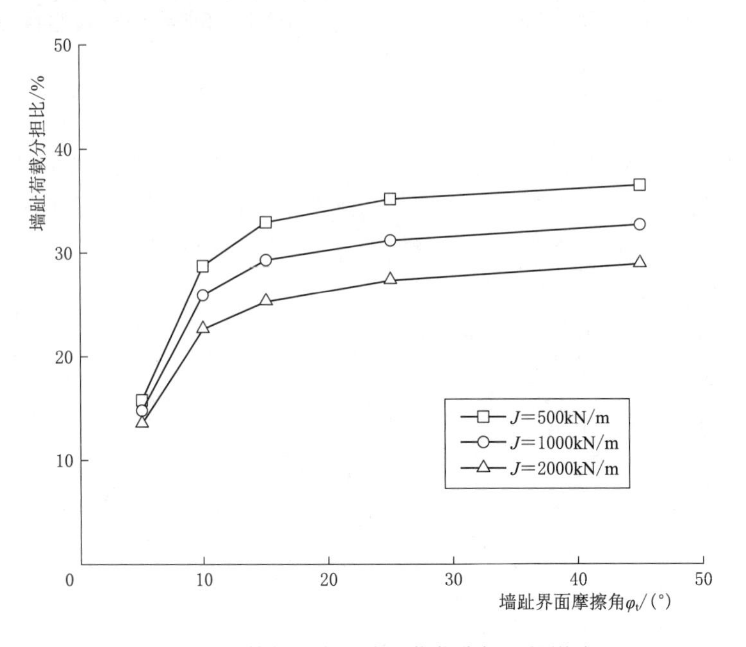

图 7.12 筋材刚度对墙趾荷载分担比的影响

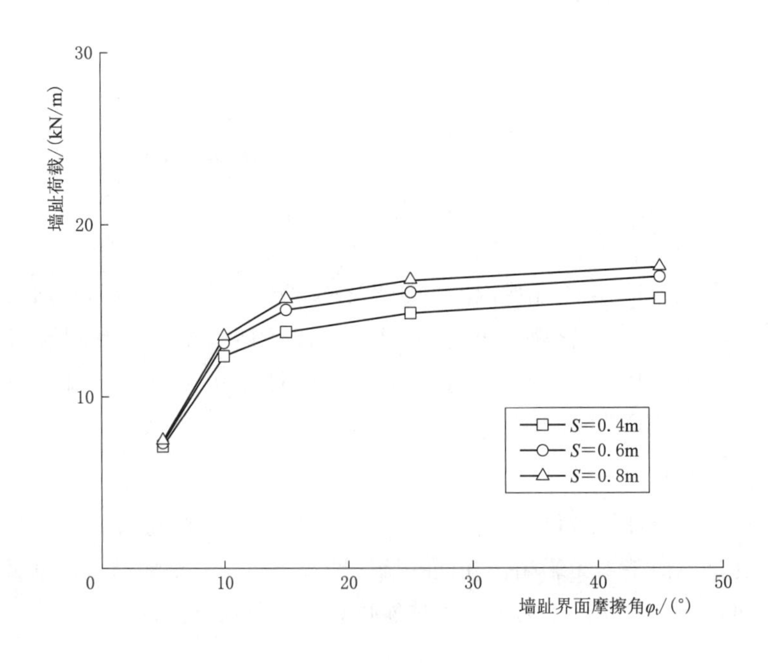

图 7.13 筋材间距对墙趾荷载的影响

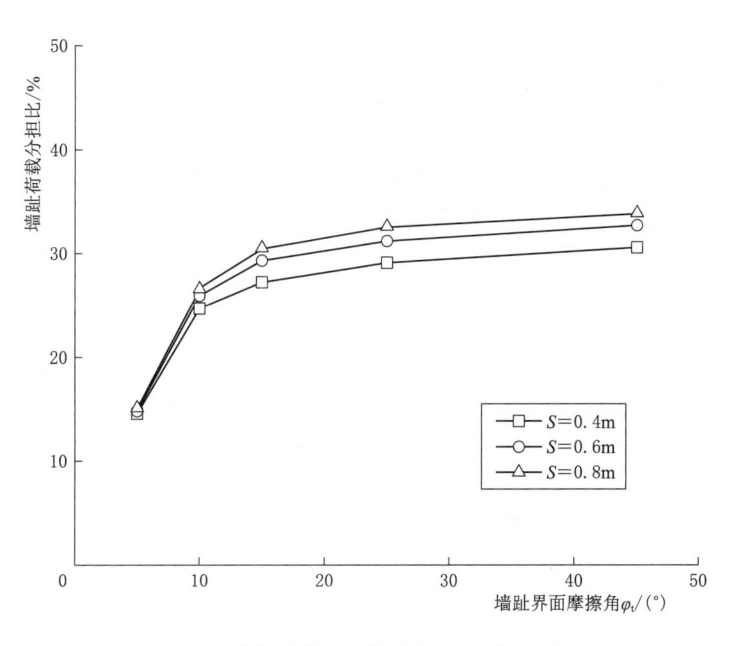

图 7.14 筋材间距对墙趾荷载分担比的影响

7.3.5 填土摩擦角影响

图 7.15 所示为填土摩擦角对墙趾荷载的影响。在同一墙趾约束条件下，墙趾荷载随填土摩擦角的增大而减小。填土摩擦角增大，主动土压力系数减小，墙背水平土压力随之减小，墙趾和筋材承担的荷载均减小。

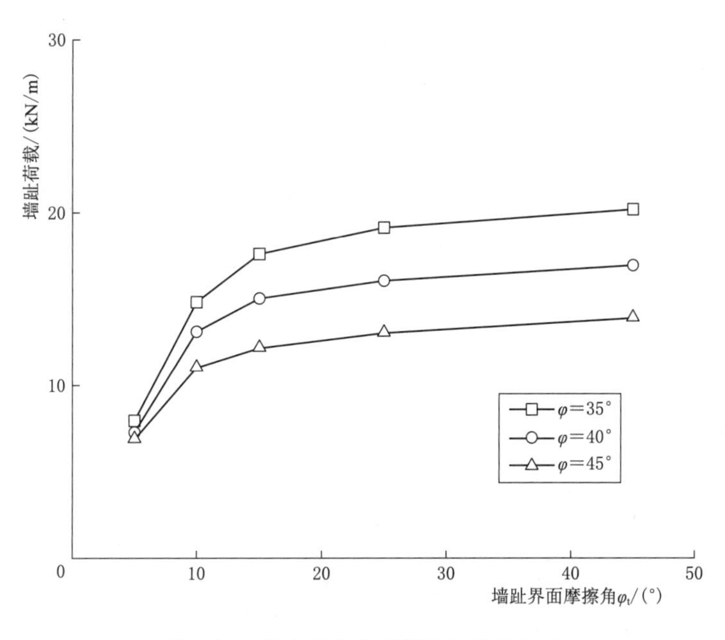

图 7.15 填土摩擦角对墙趾荷载的影响

图 7.16 所示为填土摩擦角对墙趾荷载分担比的影响。由图可见，填土摩擦角对墙趾荷载分担比随墙趾界面摩擦角的变化规律基本无影响。在同一墙趾约束条件下，墙趾荷载分担比随填土摩擦角的增大而增大。填土摩擦角增大，填土-模块界面摩擦角随之增大，填土对墙面向下的摩擦力增加，这造成墙趾界面正应力增大，故墙趾界面承担荷载的能力提高。在挡墙达到稳定状态后，填土摩擦角为 35°和 45°的挡墙的墙趾荷载分担比分别为 28％和 33％左右。与墙高、墙面仰角和筋材刚度的影响相比，填土摩擦角对墙趾荷载分担比的影响不大。

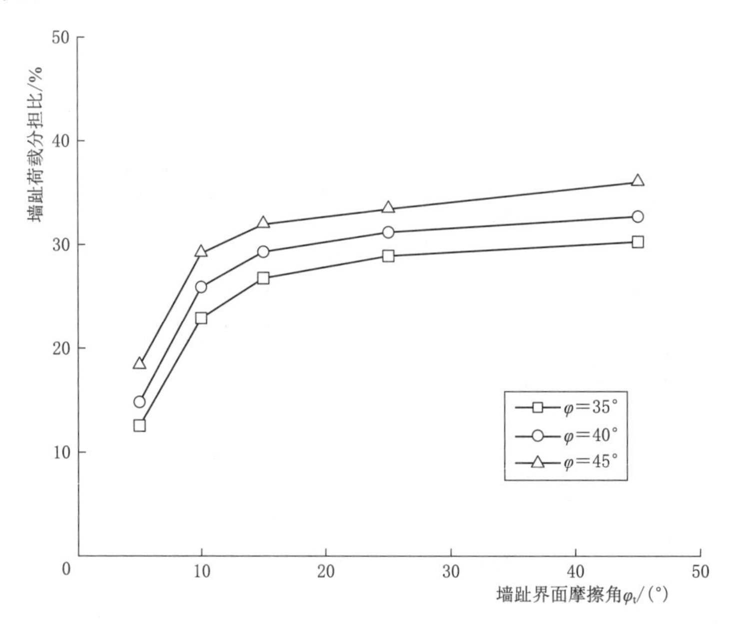

图 7.16　填土摩擦角对墙趾荷载分担比的影响

7.3.6　讨论

从参数分析结果来看，墙高、墙面仰角、筋材间距、筋材强度和填土摩擦角均对墙趾荷载分担比随墙趾界面摩擦角的变化规律无影响。从图 7.8、图 7.10、图 7.12、图 7.14、图 7.16 来看，各工况下，随着对挡墙起主要约束作用的墙趾界面摩擦角增大，墙趾荷载分担比先快速增大，界面摩擦角达到 25°后，墙趾荷载分担比变化较小。

然而，墙高、墙面仰角、筋材间距、筋材强度和填土摩擦角对墙趾荷载分担比的值有影响，在同一墙趾约束条件下，墙趾荷载分担比随墙高和筋材刚度的增大而减小，随墙面仰角、筋材间距和填土摩擦角的增大而增大。但对于墙趾正常约束的挡墙（可认为是墙趾界面摩擦角大于 25°的挡墙），其墙趾荷载分担比在各个工况下均不超过 50％。然而，对于本书离心模型试验，以及 Bathurst (2000)[18] 开展的刚性地基上的模块式加筋土挡墙足尺试验，墙趾正常约束挡墙的墙趾荷载分担比均接近 80％，这说明较大尺寸的墙面模块和完全刚性的地基会放大墙趾承担荷载的能力。目前已有的模块式加筋土挡墙工程，模块尺寸一般为宽 0.3m、高 0.2m[3-15]，本章数值模型墙面模块也采用该尺寸，且基于实际地基以及真实的墙趾约束条件。因此，本章对模块式加筋土挡墙受力机制的研究结果可为实际工程提供参考。

第8章　考虑墙趾约束作用的模块式加筋土挡墙筋材拉力计算方法

目前，常见的加筋土挡墙筋材拉力计算方法有3种。第一种为国内外加筋土挡墙设计规范普遍采用的“锚固楔形体法”，该方法认为筋材承担全部的墙背水平土压力[70-79]。已有现场实测数据和挡墙足尺试验结果证明该方法过于保守，计算值要比实测值大3倍左右[4-5]。本书离心模型试验和数值模拟结果表明，墙背水平土压力并非全部由筋材承担，墙趾也可以承担一部分的土压力。

第二种为以“K-刚度法”为代表的经验方法，该方法认为筋材拉力沿墙高呈梯形分布，且考虑了筋材刚度、墙面刚度、墙面倾角等因素对筋材拉力的影响[4-5,82-85]。然而，该方法计算的是工作应力状态下挡墙填土中的筋材拉力，不能计算距墙面1m左右范围内的筋材连接拉力，而模块式加筋土挡墙现场试验[9-10]和本书第4章结果均表明，通常筋材连接力为一层筋材的最大拉力，或接近最大拉力。已有研究表明，“K-刚度法”低估了筋材拉力值，偏于不安全[20,93]。

第三种为“挡墙边坡整体设计法”，该方法认为加筋土挡墙和加筋土边坡都可按照圆弧滑动法来计算筋材拉力，即按照圆弧滑动法计算未加筋的结构体达到指定安全系数所需要的总的加筋力，再将其乘以一定的分布系数分配给各层筋材[12,86-88]。该方法可以考虑墙趾约束力的作用，但没有考虑填土强度、筋材刚度等因素的影响，本书第7章结果表明，这些因素会影响墙趾约束作用。

本章分析墙趾约束条件对筋材连接力和填土中筋材最大拉力沿墙高分布的影响，以及墙高、墙面仰角等参数对不同墙趾约束条件下两种筋材拉力的影响，在此基础上，采用响应面方法提出考虑墙趾约束作用的筋材连接力和填土中筋材最大拉力的计算方法。

8.1　筋材连接力计算方法

模块式加筋土挡墙每一层筋材的连接处承担附近区域土体由于自重和上覆荷载作用而产生的侧向土压力的一部分，可用下式表示：

$$T_{con,i}=K_{con}\cdot S\cdot(\gamma z+q) \tag{8.1}$$

式中：$T_{con,i}$为各层筋材的连接力，N/m；K_{con}为侧向土压力系数；S为筋材间距，m；γ为填土重度，N/m^3；z为筋材埋深，m；q为填土上覆荷载，Pa。

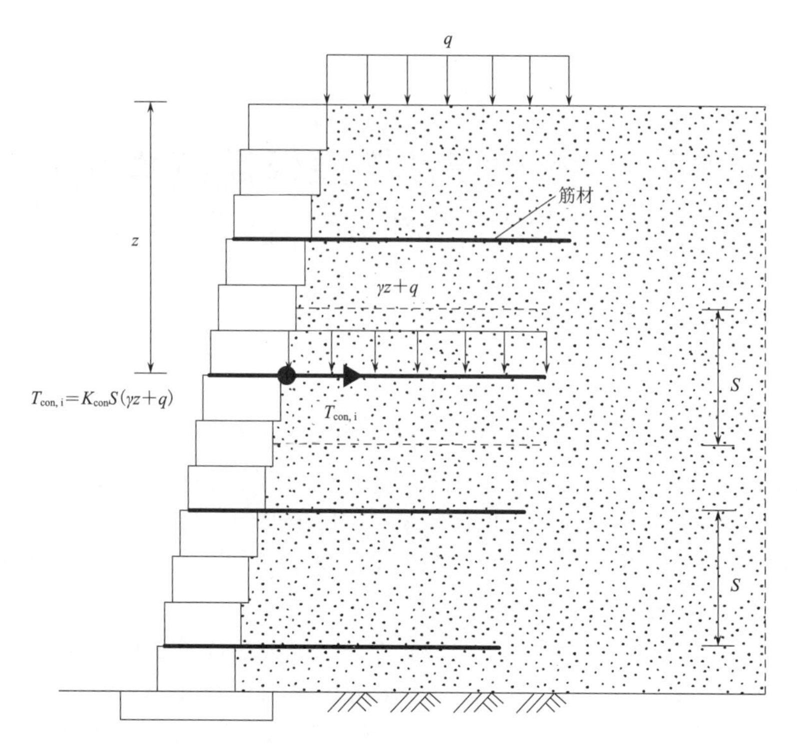

图 8.1　筋材连接力计算式中各参数含义

本书第 7 章结果表明，各层筋材总的连接力与墙趾荷载之和接近于墙背主动土压力，故 K_{con} 应小于库仑主动土压力系数 K_a。此外，第 7 章结果表明，筋材总荷载占主动土压力的比例受墙趾约束条件的影响，因此 K_{con} 可视为关于墙趾界面摩擦角 φ_t 的函数。墙趾约束条件对筋材荷载的影响程度又随墙高、墙面仰角、筋材刚度、筋材间距和填土摩擦角的改变而变化。若能确定以上因素对每一层筋材连接力的值均有影响，则侧向土压力系数 K_{con} 还应考虑以上因素的影响，最终 K_{con} 应为关于墙趾界面摩擦角 φ_t、墙高 H、墙面仰角 ω、筋材刚度 J、筋材间距 S 和填土摩擦角 φ 的函数。

8.1.1　筋材连接力影响因素分析

以下采用第 7 章中进行参数分析所建立的 55 组挡墙模型，分析以上因素对各层筋材连接力的影响，结果如图 8.2～图 8.7 所示，图中还给出了 AASHTO 法计算值作为对比。由图可见，各工况下，墙趾约束条件对筋材连接力影响显著，随着墙趾界面摩擦角减小，筋材连接力沿墙高的分布由挡墙顶底部小、中部大的形态向 AASHTO 法的顶部小、底部大的三角形形态转变；并且随着墙趾界面摩擦角减小，挡墙中下部筋材连接力的值增大，更加接近于 AASHTO 法计算值。

由图 8.3 可见，对于墙高为 4m 的挡墙，随 φ_t 减小，挡墙中下部筋材连接力明显增大；而对于墙高为 8m 的挡墙，随 φ_t 减小，仅挡墙底部的筋材连接力增大，且仅在 φ_t 从 10°减小至 5°过程中，底部的筋材连接力增大较为明显，其他墙趾约束条件下，筋材连接力较为接近。由此可见，随着墙高增大，墙趾约束条件对筋材连接力影响减弱。

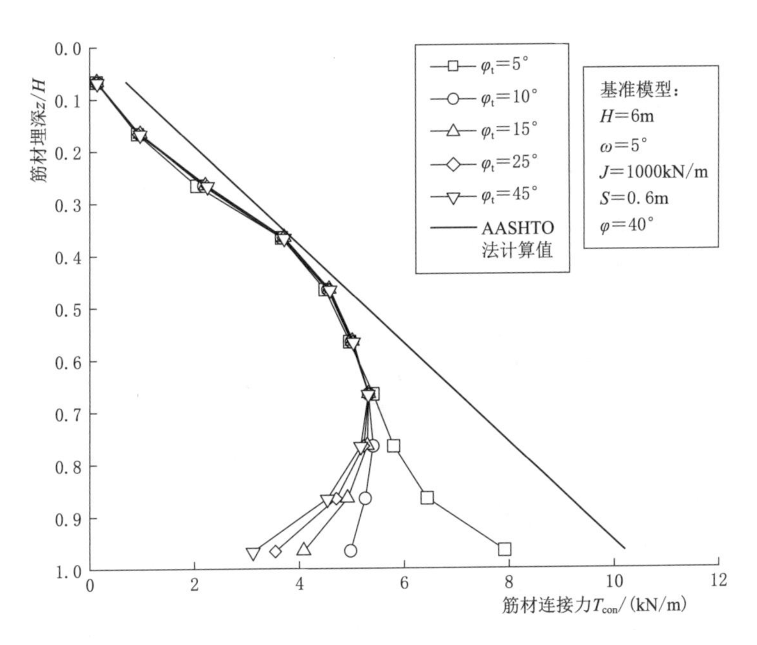

图 8.2　挡墙基准模型各层筋材连接力

由图 8.4 可见，对于墙面仰角为 0°的挡墙，φ_t 大于 10°时，筋材连接力较为接近，只有当 φ_t 减小至 5°时，底部筋材连接力明显增大；而对于墙面仰角为 10°的挡墙，随 φ_t 减小，挡墙下部筋材连接力明显增大。由此可见，随着墙面仰角增大，墙趾约束条件对筋材连接力影响增强。

由图 8.5 可见，对于筋材刚度为 500kN/m 的挡墙，挡墙下部筋材连接力随 φ_t 变化较为明显；而对于筋材刚度为 2000kN/m 的挡墙，只有 φ_t 从 10°减小至 5°过程中，挡墙下部筋材连接力增大明显。由此可见，随着筋材刚度增大，墙趾约束条件对筋材连接力影响减弱。

根据图 8.6 对比筋材间距为 0.4m 和 0.8m 的挡墙筋材连接力随 φ_t 的变化，可见随筋材间距增大，墙趾约束条件对筋材连接力影响减弱。根据图 8.7 对比填土摩擦角为 35°和 45°的挡墙筋材连接力随 φ_t 的变化，可见随填土摩擦角增大，墙趾约束条件对筋材连接力影响减弱。并且在图 8.2～图 8.6 中，各工况下，不同高度位置处筋材连接力受墙趾约束条件的影响也不一样，因此筋材埋深也对墙趾约束作用有影响。

综上，侧向土压力系数 K_{con} 可以看作是关于墙趾界面摩擦角 φ_t、墙高 H、墙面仰角 ω、筋材刚度 J、筋材间距 S、填土摩擦角 φ 和筋材埋深 z 这 7 个参数的函数。在加筋土挡墙设计阶段，有一种情况是筋材已选定，计算筋材拉力是为了验算筋材参数是否符合要求；还有一种情况是筋材尚未选定，计算筋材拉力是为了确定所需筋材参数。考虑到在第二种情况下，筋材刚度无法确定，因此，K_{con} 只考虑以上除了筋材刚度以外的 6 个参数的影响。

8.1.2　筋材连接力响应面模型建立

通过以上分析，侧向土压力系数与筋材埋深、墙高等 6 个参数有关，要想写出侧向土压力系数关于 6 个参数的显式表达式比较困难，这个问题可以通过响应面方法来解决。响

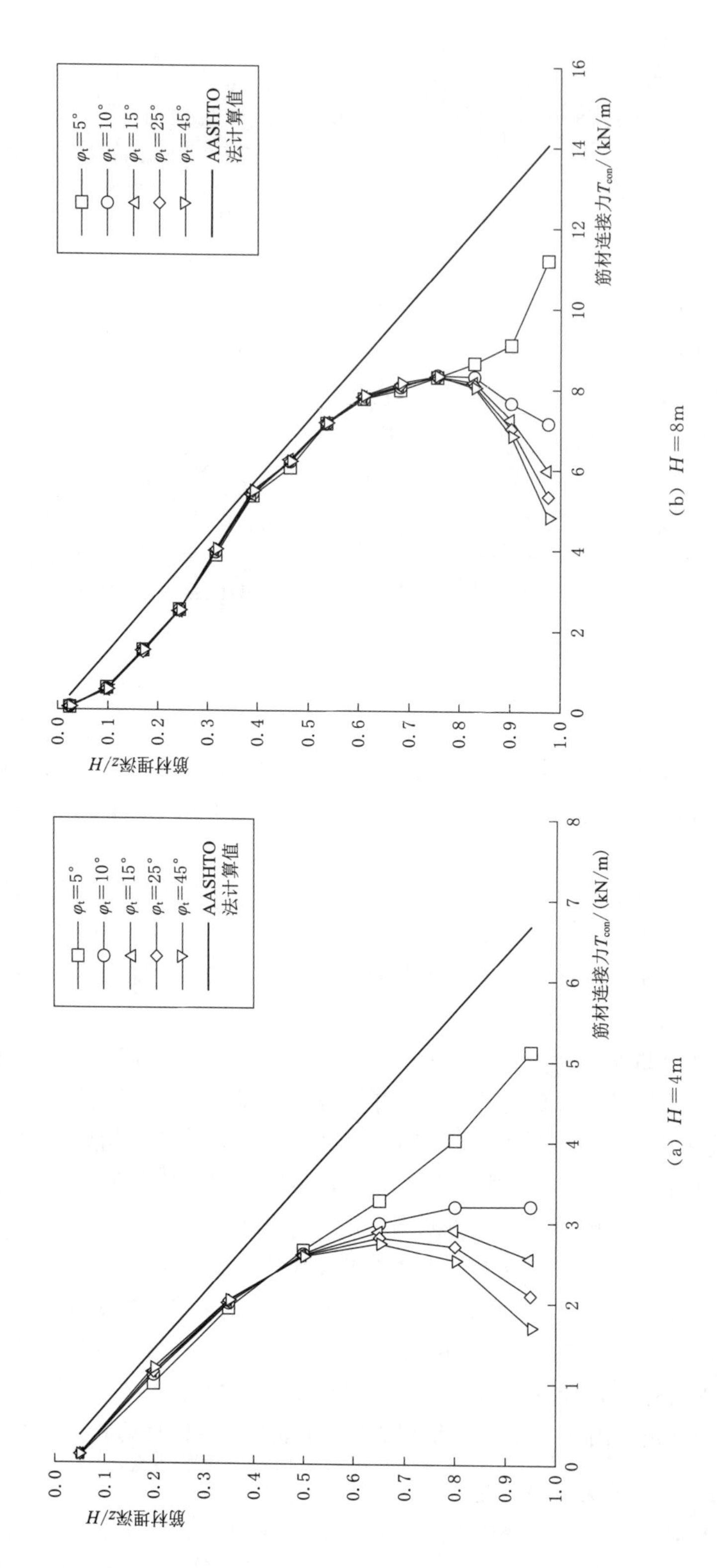

(a) H=4m

(b) H=8m

图 8.3　挡墙高度对各层筋材连接力的影响

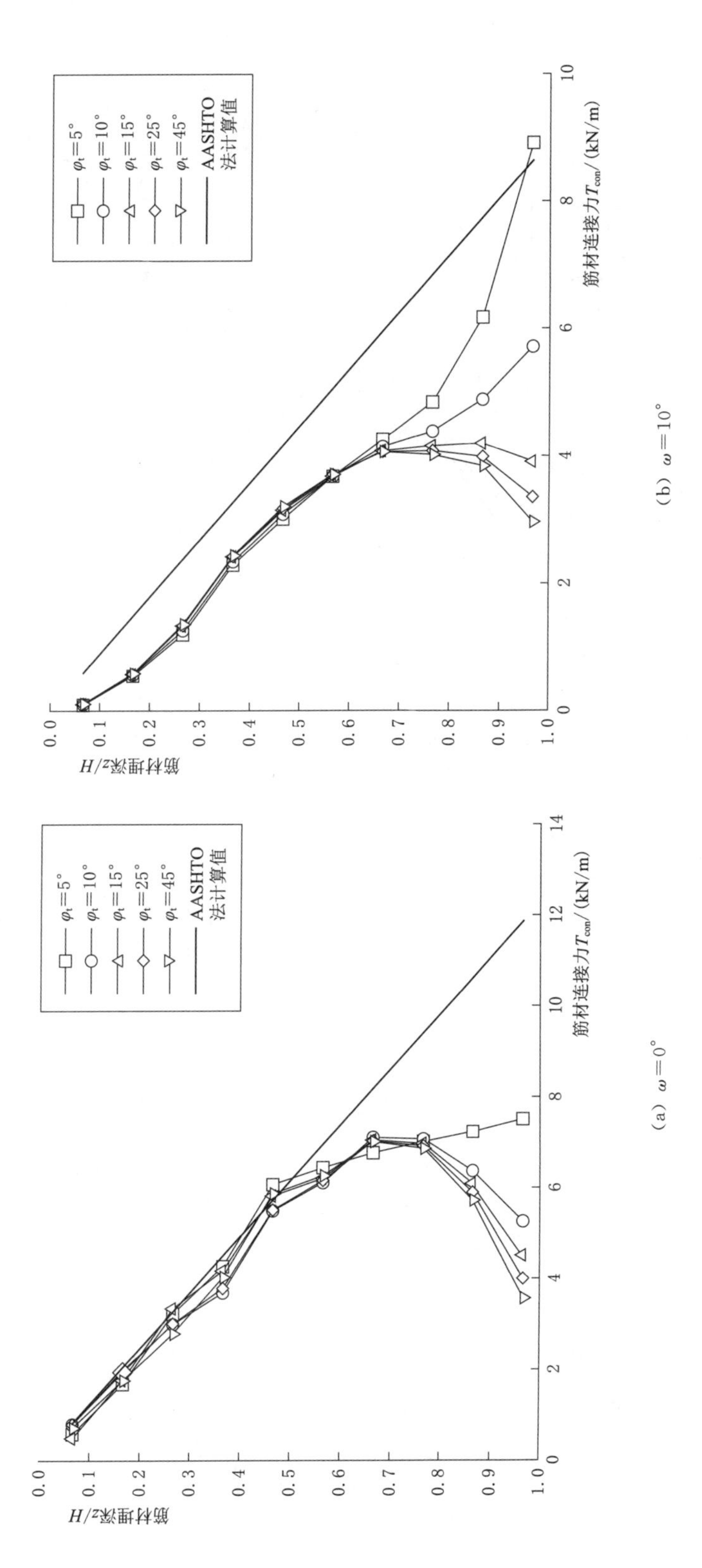

图 8.4 墙面仰角对各层筋材连接力的影响

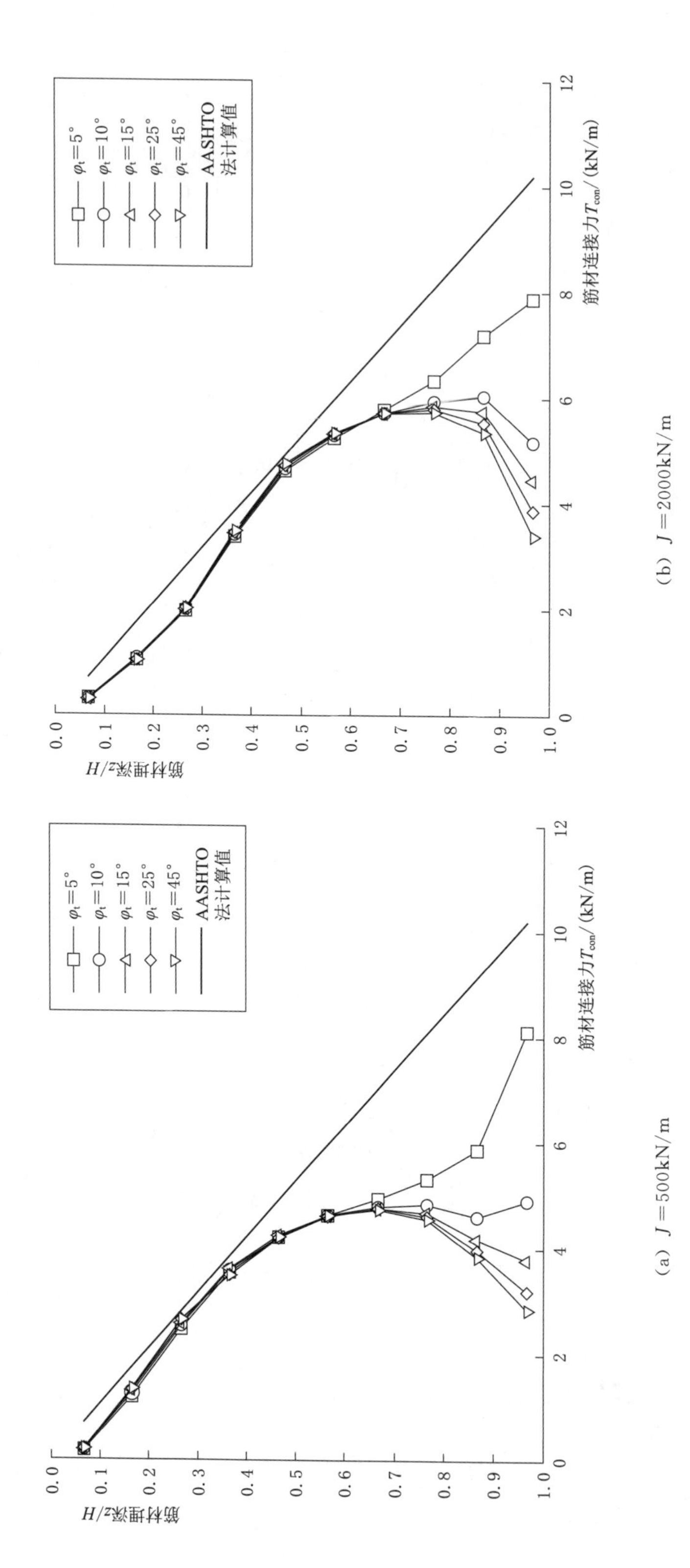

（a）$J=500$kN/m

（b）$J=2000$kN/m

图 8.5 筋材刚度对各层筋材连接力的影响

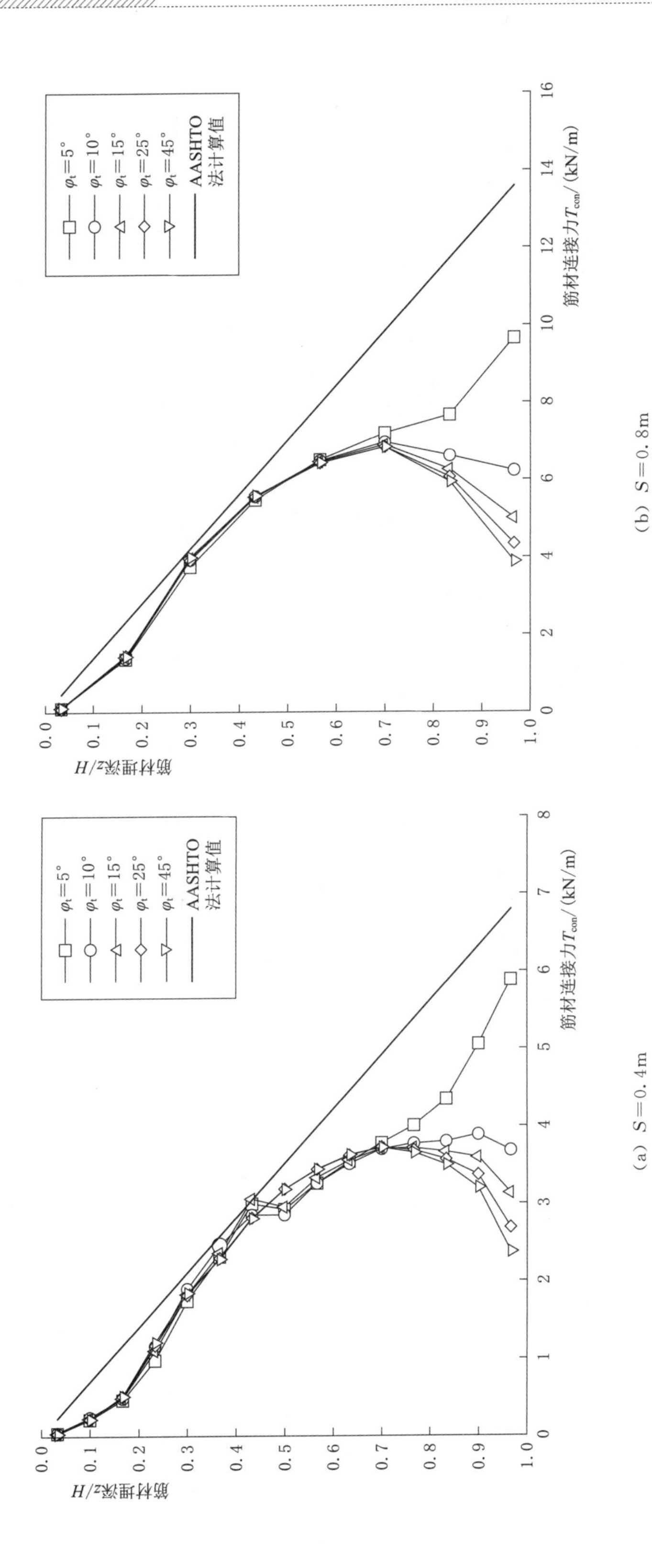

(a) S=0.4m

(b) S=0.8m

图 8.6 筋材间距对各层筋材连接力的影响

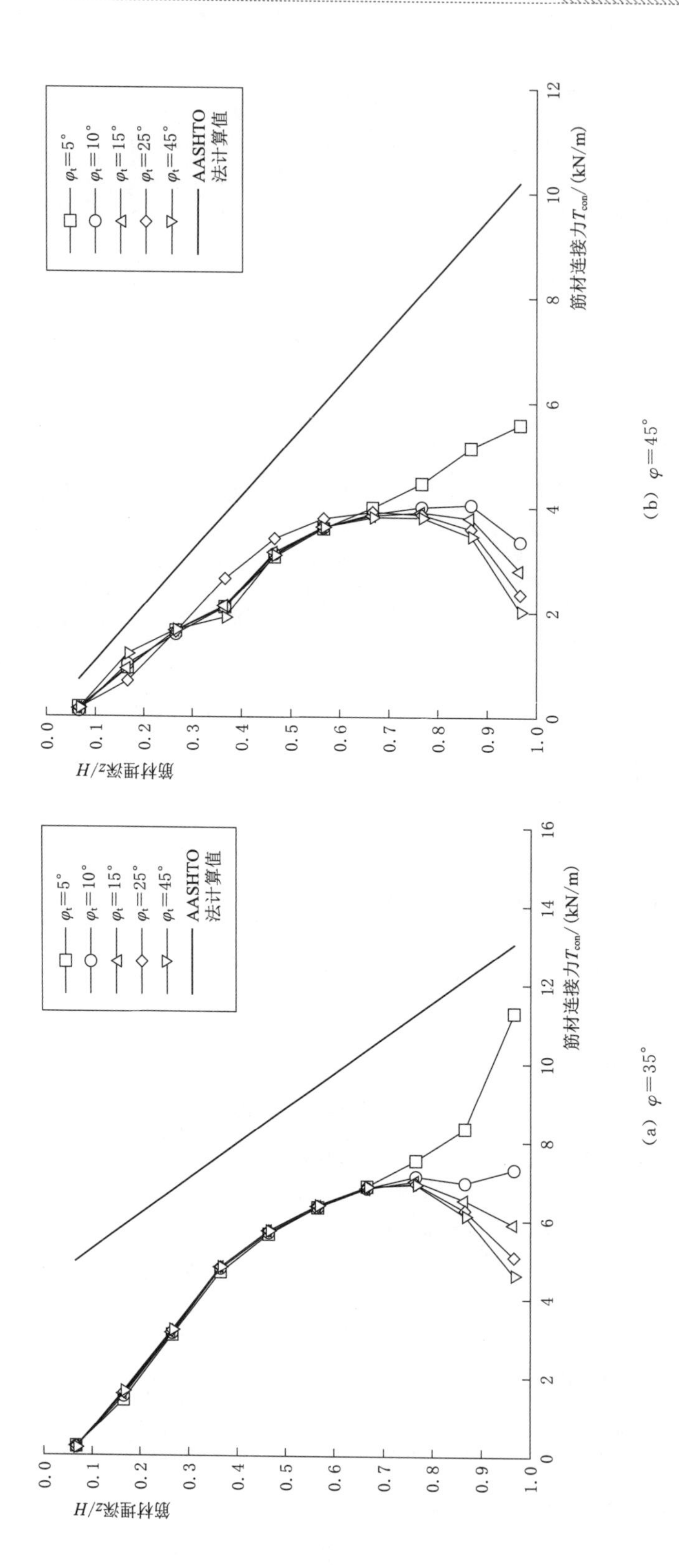

(a) $\varphi=35°$

(b) $\varphi=45°$

图 8.7　填土摩擦角对各层筋材连接力的影响

应面方法的基本思想是假设一个包括一些未知参量的函数来代替实际的不能明确表达的函数。例如，当变量 Z 与变量 X_1，X_2，…，X_n 具有未知的、不能明确表达的函数关系 $Z=f(X_1, X_2, \cdots, X_n)$ 时，可采用响应面法，即通过有限次的试验来回归拟合一个近似函数 $Z'=f'(X_1, X_2, \cdots, X_n)$ 来代替真实函数。这个近似函数被称为响应面函数。

响应面法在建筑结构和岩土工程可靠度分析领域应用广泛[112-139]。近年来，响应面法也开始用来分析加筋土挡墙的变形和受力的问题。Sayed et al.（2010）[140] 采用有限元与响应面结合的方法对加筋土挡墙墙面的最大位移进行了不确定性分析。Lin et al.（2016）[141] 采用有限差分程序建立加筋土挡墙数值模型，得到大量墙面最大水平位移的数据，通过响应面方法对其墙面最大水平位移进行不确定性分析。Yu 和 Bathurst（2017）[142] 在 Lin et al.（2016）所做工作基础上，采用响应面法增加了筋材连接处应变和填土中筋材最大应变的不确定性分析。Bathurst 和 Yu（2018）[143] 基于金属筋材加筋土挡墙的筋材拉力实测数据，采用响应面方法提出了金属筋材加筋土挡墙的筋材最大拉力计算方法。

本书采用响应面方法计算侧向土压力系数 K_{con}，响应面方程如下[144]：

$$y=\beta_0+\sum_{i=1}^{m}\beta_i x_i+\sum_{i=1}^{m}\beta_{ii}x_i^2+\sum_{i=1}^{m-1}\sum_{j=i+1}^{m}\beta_{ij}x_i x_j \tag{8.2}$$

式中：y 为响应值；x_i 为变量；β_i 为待求系数，在 y 和 x_i 已知情况下，β_i 可由最小二乘法求出。

在本书中，将侧向土压力系数 K_{con} 作为响应值 y，将墙趾界面摩擦角 φ_t、墙高 H、墙面仰角 ω、筋材间距 S、填土摩擦角 φ 和筋材埋深 z 作为 x_i。为减少响应面函数中 x_i 的个数，并使得 x_i 无量纲化，可将上述参数合并整理如下：

$$x_1=\frac{z}{H} \tag{8.3}$$

$$x_2=K_a=\frac{\cos^2(\varphi+\omega)}{\cos^3\omega\cdot\left(1+\dfrac{\sin\varphi}{\cos\omega}\right)^2} \tag{8.4}$$

$$x_3=\frac{S}{H\cdot\tan\varphi_t} \tag{8.5}$$

式中：考虑到 K_{con} 也是库仑主动土压力系数 K_a 的一部分，故将 ω 和 φ 整理成 K_a 的形式。

K_{con} 的响应面模型可表示为

$$\begin{aligned}K_{con}=&\beta_0+\beta_1\left(\frac{z}{H}\right)+\beta_2 K_a+\beta_3\left(\frac{S}{H\cdot\tan\varphi_t}\right)\\&+\beta_4\left(\frac{z}{H}\right)^2+\beta_5 K_a{}^2+\beta_6\left(\frac{S}{H\cdot\tan\varphi_t}\right)^2\\&+\beta_7\left(\frac{z}{H}\right)K_a+\beta_8 K_a\left(\frac{S}{H\cdot\tan\varphi_t}\right)+\beta_9\left(\frac{S}{H\cdot\tan\varphi_t}\right)\left(\frac{z}{H}\right)\end{aligned} \tag{8.6}$$

采用图8.2～图8.7中55组挡墙数值模型所得到的570个筋材连接力数值计算值建立筋材连接力数据库，并通过式（8.1）计算出对应的侧向土压力系数K_{con}的数据库。将570个K_{con}值以及与各K_{con}值对应的变量x_1、x_2、x_3代入式（8.6），通过最小二乘法拟合出未知系数β_i。表8.1为各系数取值。

表8.1　K_{con}响应面模型系数取值

系　数	取　值	系　数	取　值
β_0	−0.2054	β_5	−0.5156
β_1	0.5500	β_6	−0.0036
β_2	1.4882	β_7	−0.6437
β_3	−0.0181	β_8	0.0577
β_4	−0.4409	β_9	0.0168

8.1.3　筋材连接力响应面模型计算结果

图8.8所示为筋材连接力数据库中570个筋材连接力值和它们的响应面模型计算值，其中响应面模型计算值是由响应面方程（8.6）结合表8.1中各系数值计算出侧向土压力系数K_{con}，再将K_{con}代入式（8.1）计算得出。定义筋材连接力响应面模型的偏差λ为筋材连接力数值计算值$T_{con,n}$与响应面模型计算值$T_{con,c}$之比，即

$$\lambda=\frac{T_{con,n}}{T_{con,c}} \tag{8.7}$$

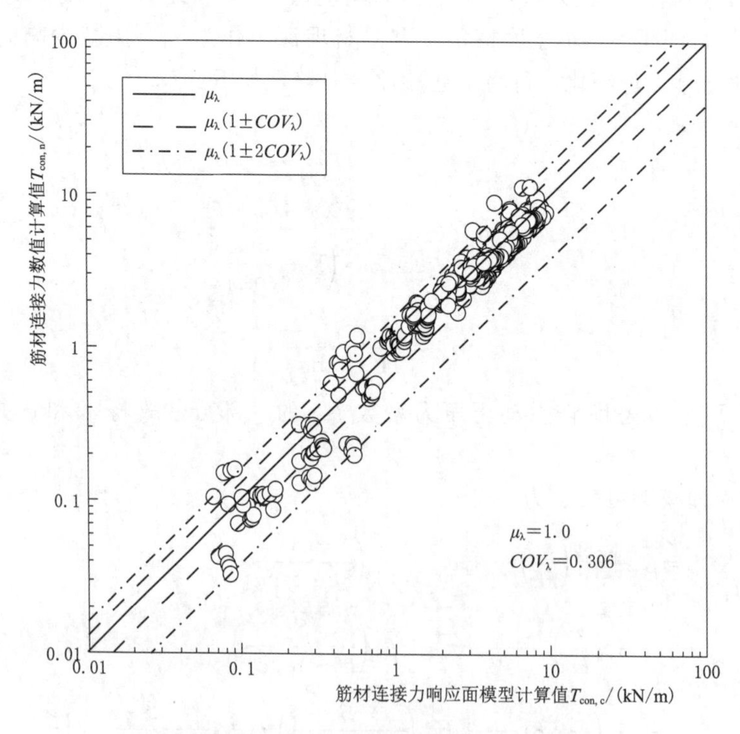

图8.8　筋材连接力数值计算值和理论计算值对比

图 8.8 中 μ_λ 和 COV_λ 分别为所有响应面模型计算值偏差的中值和变异系数，经计算，$\mu_\lambda=1.0$，$COV_\lambda=0.306$。

由图 8.8 可见，数据点均匀分布在斜率为 1 的对角线上或对角线两侧，且大部分数据点在对角线两侧 $\pm 2\ COV_\lambda$ 界限的范围内，这说明本书的筋材连接力响应面模型可以较为准确地计算筋材连接力。

8.1.4 筋材连接力响应面模型验证

以下采用 5 组模块式加筋土挡墙实测的筋材连接力数据对本书筋材连接力响应面模型进行验证，其中 3 个实例为本书第 3 章的离心机试验挡墙 W1、W2、W4，另外两个实例分别为 10.7m 高的现场试验挡墙 Wall C 和 6m 高的现场试验挡墙 Wall D[9-10]。表 8.2 为各挡墙实例的基本信息。

表 8.2　　挡墙实例基本信息

参　数	W1	W2	W4	Wall C	Wall D
墙高/m	3.6	3.6	3.6	10.7	6
墙面仰角/(°)	8	8	8	0	0
筋材层数	5	5	5	17	10
筋材间距/m	0.6	0.6	0.6	0.6	0.6
填土重度/(kN/m^3)	15.7	15.7	15.7	21.7	21.7
填土摩擦角/(°)	36	36	36	47	47
起约束作用的墙趾界面摩擦角/(°)	39	13	8	36	36

本书第 7 章研究结果表明，当起约束作用的墙趾界面摩擦角达到 25°后，墙趾荷载分担比变化不大，挡墙处于较为稳定的状态，属于墙趾正常约束的挡墙。由表 8.2 可见，挡墙 W1 的墙趾界面摩擦角为 39°，挡墙 Wall C 和 Wall D 的墙趾界面摩擦角均为 36°，而挡墙 W2、W4 的墙趾界面摩擦角分别为 13°和 8°，因此挡墙 W1、Wall C 和 Wall D 为墙趾正常约束的挡墙，W2、W4 为墙趾约束作用较弱的挡墙。

图 8.9～图 8.13 为表 8.2 中各挡墙筋材连接力的实测值、响应面模型计算值和 AASHTO 法计算值。由图 8.9～图 8.13 可见，对于不同墙趾约束条件、不同墙高、不同墙面仰角以及不同性质填土的模块式加筋土挡墙，本书筋材连接力响应面方法可以较为安全、准确地计算各层筋材连接力的值。在不同工况下，筋材连接力响应面方法计算值均比 AASHTO 法计算值更接近于实测值。

由图 8.9、图 8.12 和图 8.13 可见，对于墙趾正常约束的挡墙 W1、Wall C 和 Wall D，筋材连接力响应面方法计算值小于 AASHTO 法的计算值。筋材连接力响应面方法计算值可以反映出实测的筋材连接力在挡墙中部较大、顶底部较小的分布特点，而 AASHTO 法计算值则沿墙高呈现顶部小、底部大的线性分布。

对于挡墙 W1，本书方法准确计算了从下至上第 4、第 5 层筋材的连接力，高估了第 1、第 2、第 3 层筋材连接力的值。对于挡墙 Wall C，本书方法准确计算了从下至上第 10、第 14 层筋材的连接力，略为高估了第 3、第 6 层筋材连接力的值。对于挡墙 Wall D，本书方法准确计算了从下至上第6层筋材的连接力，高估了第3层筋材连接力的值。由于Wall D的第8层筋材与墙面的连接处出现了松动[9]，实测连接力很小，故不将该层筋材连接力实测值与两种方法进行比较。对于这3座墙趾正常约束的挡墙，AASHTO法计算值均偏大。

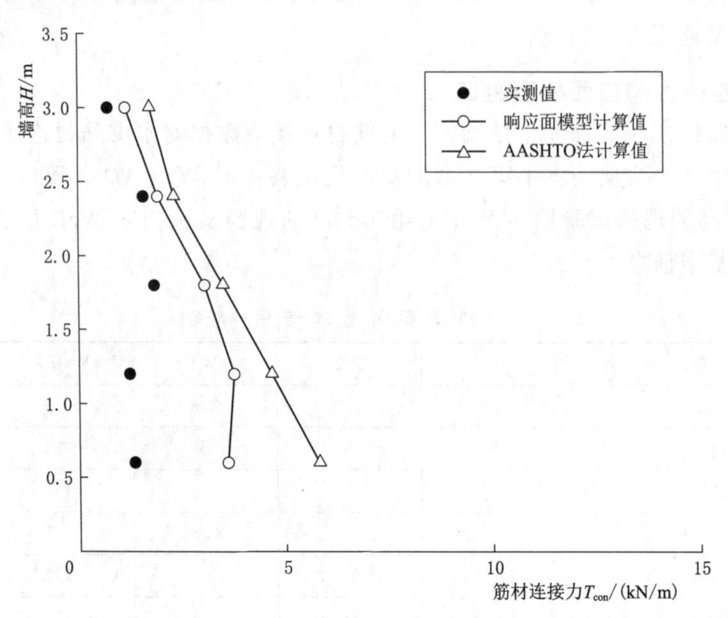

图8.9　挡墙W1各层筋材连接力实测值与计算值的对比

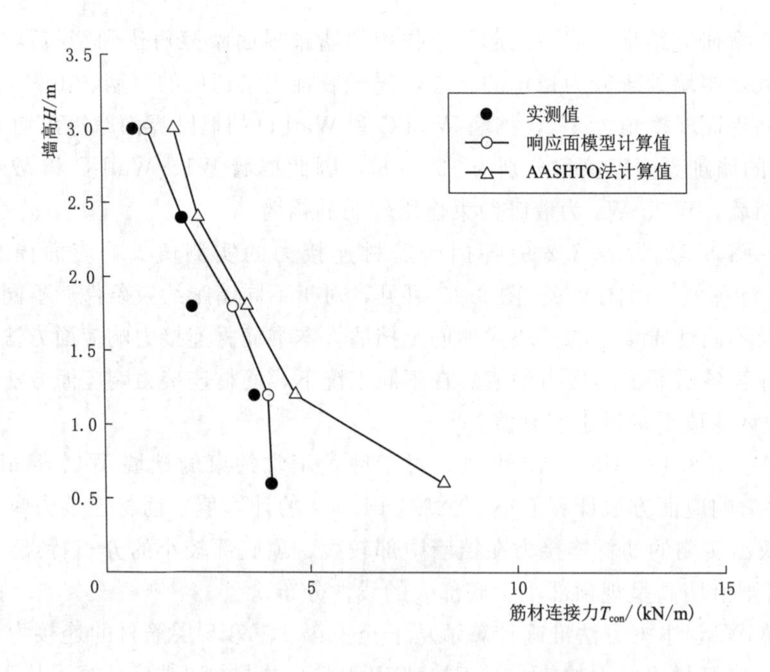

图8.10　挡墙W2各层筋材连接力实测值与计算值的对比

由图 8.10 和图 8.11 可见，对于墙趾约束作用较弱的挡墙 W2 和 W4，本书筋材连接力计算方法较为准确地计算了各层筋材的连接力，且本书方法计算值与 AASHTO 法的计算值相近。

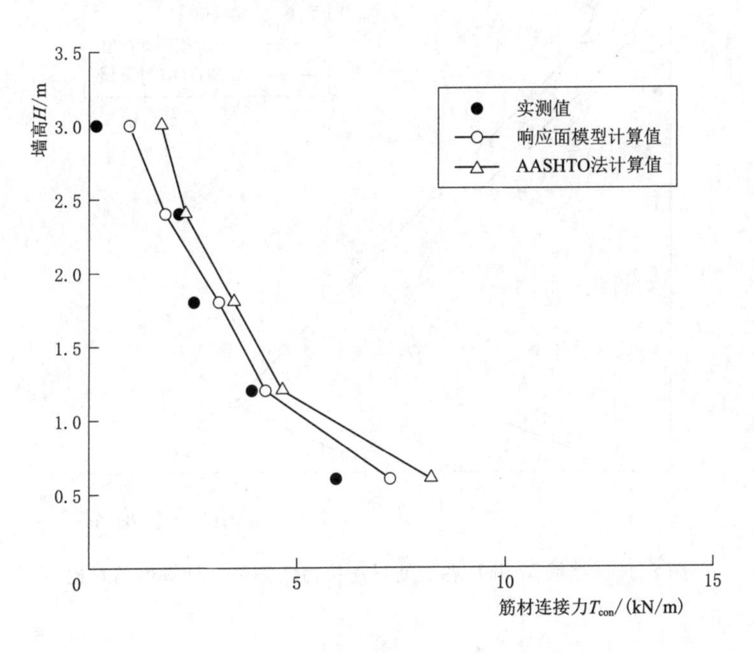

图 8.11　挡墙 W4 各层筋材连接力实测值与计算值的对比

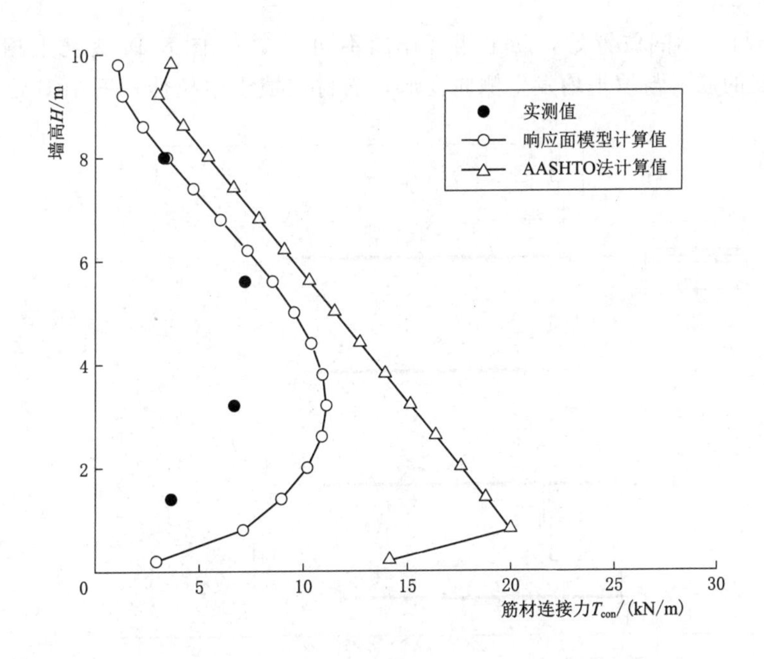

图 8.12　挡墙 Wall C 各层筋材连接力实测值与计算值的对比

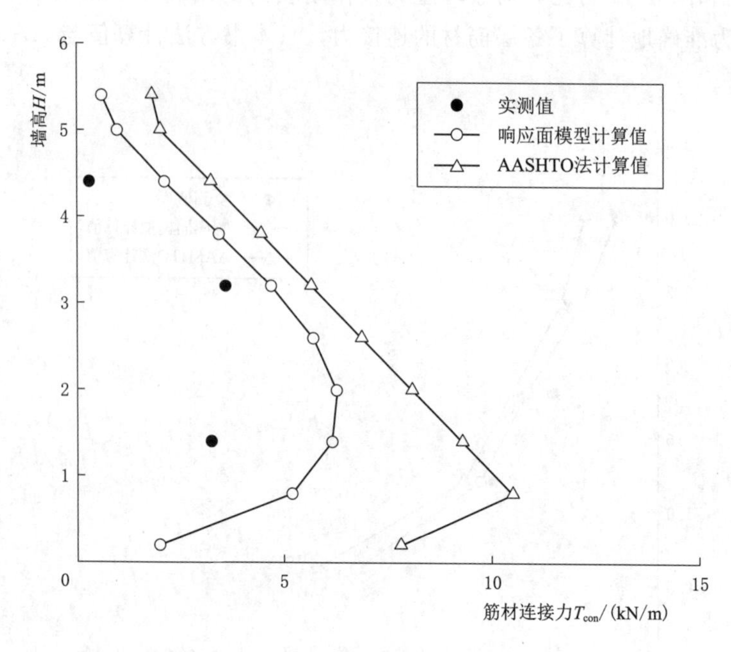

图 8.13　挡墙 Wall D 各层筋材连接力实测值与计算值的对比

8.2　填土中筋材最大拉力计算方法

在每层筋材的不同位置处，筋土相互作用不同[145-159]。图 8.14 为筋土相互作用示意图，图中 A 处的筋材与填土均发生侧向变形，筋材在填土中拉伸；图中 B 处为填土中出

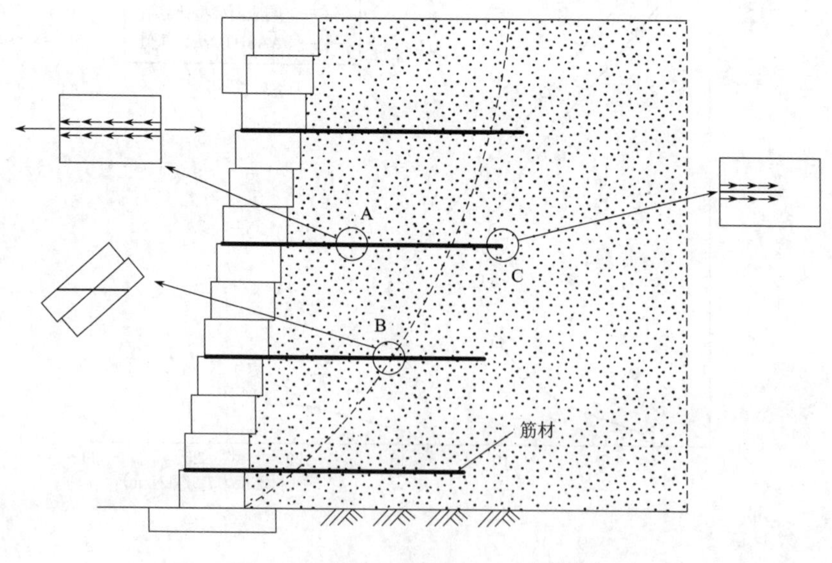

图 8.14　筋土相互作用示意图[145-159]

现局部剪切带的区域，此处筋材与填土共同受剪；图中C处的筋材相对于填土受到拔出作用。填土中的筋材最大拉力（以下简称筋材最大拉力）是指在筋土相互作用下，各层筋材所产生的最大拉力。在实际工程中，为避免受到筋材连接力的影响，筋材最大拉力通常选取距墙面1m以外的筋材最大拉力值[111]。

Tatsuoka et al.（1997，2008）[160,161] 认为筋材最大拉力与筋材连接力的关系如图8.15所示。当筋材与墙面无连接（这种情况多发生于柔性反包墙面的加筋土挡墙或筋材与墙面连接处断裂的硬质墙面挡墙），主动区的侧限压力小，导致主动区发生较大变形，这种情况下筋材连接力很小，接近于0，填土中筋材最大拉力即为一层筋材的最大拉力。当筋材与墙面连接牢固，主动区的侧限压力大，因而该区域较为稳定，这种情况下各层筋材主动区范围内的拉力相等，筋材连接力与填土中筋材最大拉力相等。然而，多个模块式加筋土挡墙试验和数值模拟都表明[9-10,43-46]，在工作应力状态下，筋材最大拉力小于筋材连接力。本书离心模型试验和数值模拟表明，当墙趾正常约束时，筋材连接力大于筋材最大拉力，当墙趾约束作用较弱时，填土中剪切应变增大，甚至填土中局部区域出现贯通剪切带，此时筋材最大拉力接近甚至超过筋材连接力。因此，有必要提出考虑墙趾约束作用的筋材最大拉力计算方法，以完善模块式加筋土挡墙内部稳定性设计。

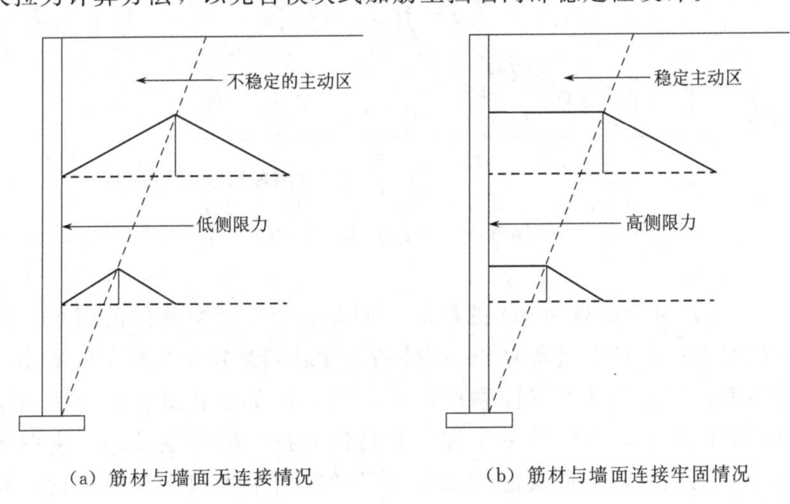

(a) 筋材与墙面无连接情况　　(b) 筋材与墙面连接牢固情况

图8.15　筋材最大拉力与筋材连接力的关系[161]

8.2.1　筋材最大拉力影响因素分析

墙高、墙面仰角、筋材刚度、筋材间距和填土摩擦角对不同墙趾约束条件下的筋材荷载比例有影响，从而影响不同墙趾约束条件下挡墙各层筋材连接力的值，但以上因素对不同墙趾约束条件下筋材最大拉力的影响尚不明确。以下采用第7章中进行参数分析所建立的55组挡墙数值模型，首先分析墙趾约束条件对各层筋材最大拉力的影响，并给出AASHTO法计算值进行对比，结果如图8.16所示；然后分析墙高、墙面仰角、筋材刚度、筋材间距和填土摩擦角这5种因素对不同墙趾约束条件下各层筋材最大拉力值的影响，同样给出AASHTO法计算值进行对比，结果如图8.17～图8.21所示。

由图8.16～图8.21可见，墙趾界面摩擦角的变化不会影响筋材最大拉力沿墙高的分布形态，不同墙趾约束条件下，筋材最大拉力均沿墙高呈顶底部小、中下部大的分布，而非AASHTO法给出的顶部小、底部大的三角形分布。墙趾约束条件对挡墙中上部各层筋材最大拉力值影响不大，但随着墙趾摩擦角减小，挡墙下部的筋材最大拉力值增大。对比图8.2～图8.7和图8.16～图8.21可见，墙趾约束条件对筋材最大拉力的影响不如对筋材连接力的影响显著。

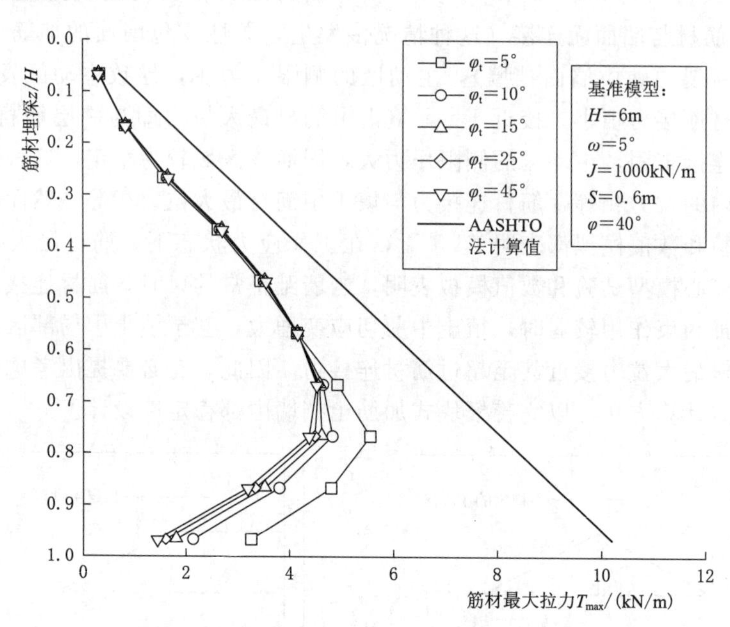

图8.16　挡墙基准模型各层筋材最大拉力示意图

由图8.17可见，对于墙高为4m的挡墙，随着墙趾界面摩擦角的减小，挡墙下部筋材最大拉力明显增大；而对于墙高为8m的挡墙，随着墙趾界面摩擦角的减小，各层筋材最大拉力变化不大，只有当墙趾界面摩擦角为5°时，底部筋材最大拉力明显增大。由此可见，随着挡墙高度增加，墙趾约束条件对筋材最大拉力的影响减弱。由图8.18可见，对于墙面仰角为0°的挡墙，不同墙趾约束条件下的筋材最大拉力较为接近；而对于墙面仰角为10°的挡墙，随着墙趾界面摩擦角的减小，挡墙中下部筋材最大拉力明显增大。由此可见，随着墙面仰角增加，墙趾约束条件对筋材最大拉力的影响增强。由图8.19～图8.20可见，筋材刚度和筋材间距改变，墙趾约束条件对筋材最大拉力的影响基本不变。由图8.21可见，填土摩擦角为35°的挡墙中，筋材最大拉力随墙趾界面摩擦角的变化最为明显。由此可见，随着填土摩擦角增大，墙趾约束条件对筋材最大拉力的影响减弱。各工况下，筋材最大拉力均小于AASHTO法计算值。

8.2.2　筋材最大拉力响应面模型建立

采用下式计算挡墙各层筋材最大拉力：

$$T_{\max,i}=K_{\max}\cdot S\cdot(\gamma z+q) \tag{8.8}$$

式中：$T_{\max,i}$为填土中的筋材最大拉力，N/m；$K_{\max}$为侧向土压力系数；S为筋材间距，m；γ为填土重度，N/m³；z为筋材埋深，m；q为墙顶上覆荷载，Pa。

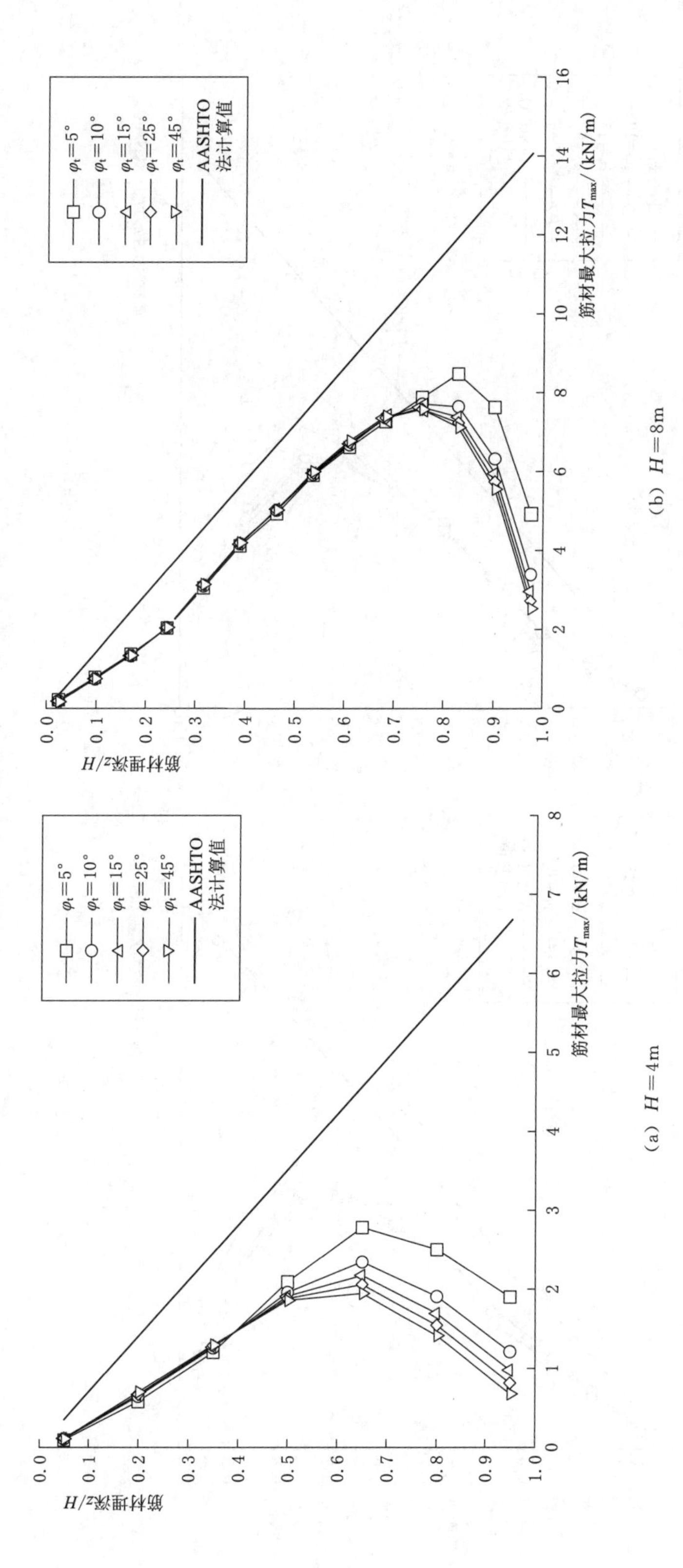

图 8.17 挡墙高度对各层筋材最大拉力的影响

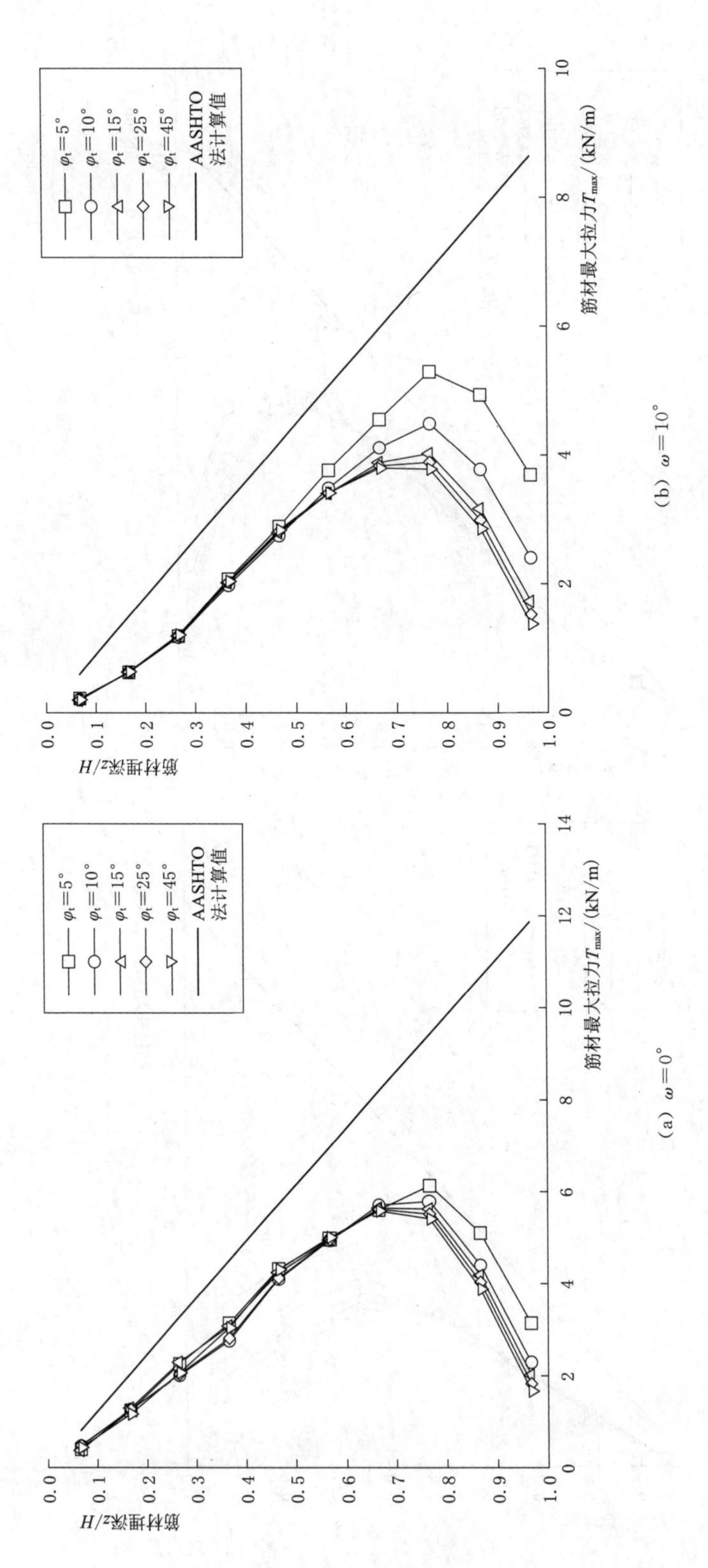

(a) $\omega=0°$

(b) $\omega=10°$

图 8.18　墙面仰角对各层筋材最大拉力的影响

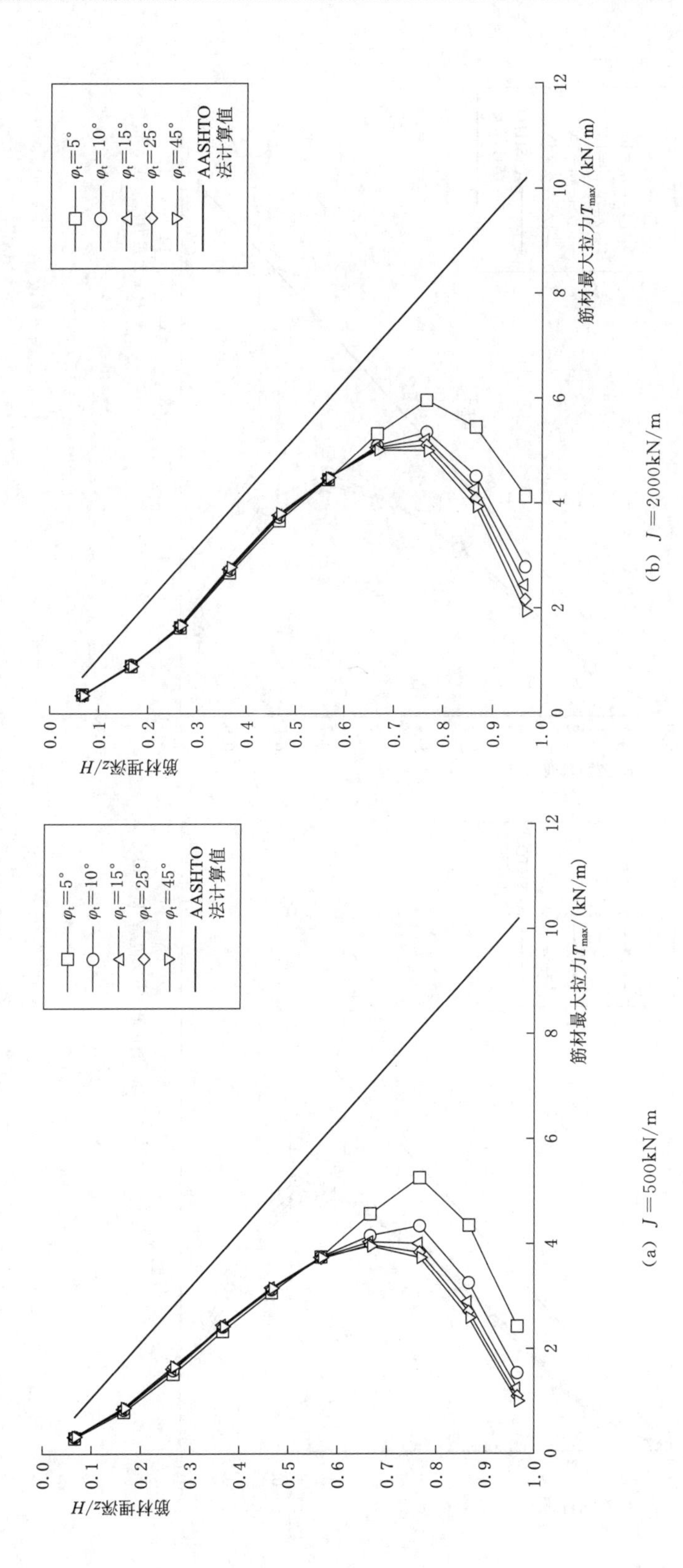

图 8.19 筋材刚度对各层筋材最大拉力的影响

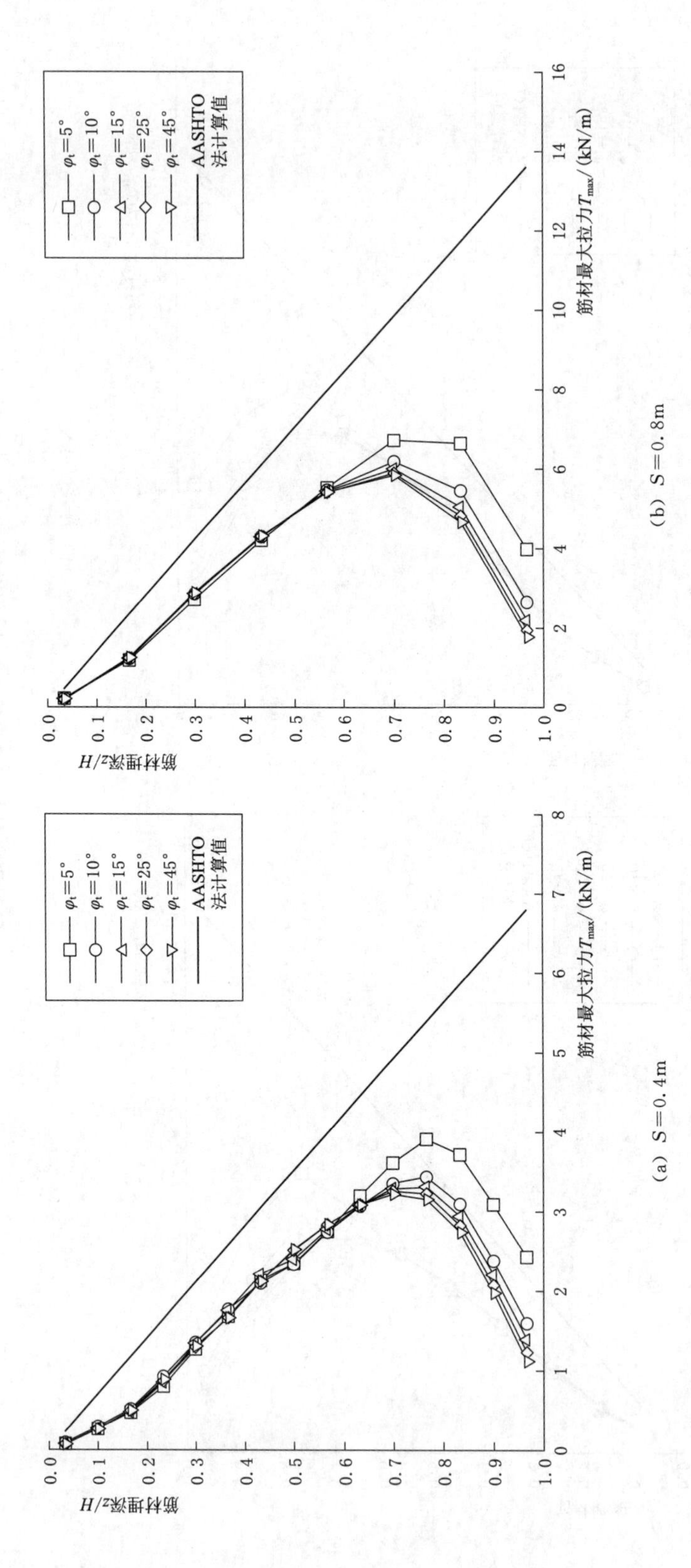

图 8.20　筋材间距对各层筋材最大拉力的影响

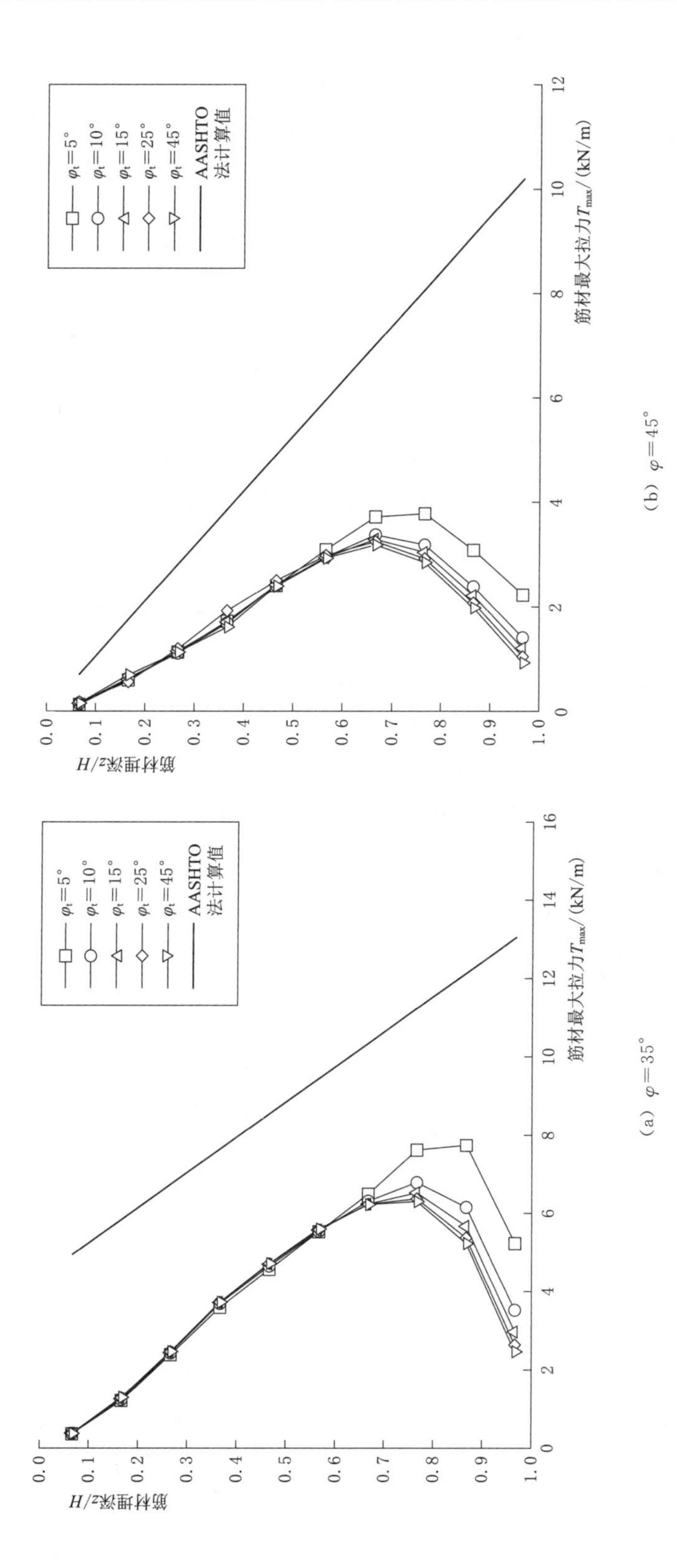

图 8.21 填土摩擦角对各层筋材最大拉力的影响

采用式（8.2）建立侧向土压力系数 K_{max} 的响应面模型。通过以上分析可知，模块式加筋土挡墙的筋材最大拉力与墙趾界面摩擦角 φ_t、墙高 H、墙面仰角 ω、填土摩擦角 φ 和筋材埋深 z 有关，因此在 K_{max} 的响应面模型中考虑这 5 个变量，并将其整理如下：

$$x_1 = \frac{z}{H} \tag{8.9}$$

$$x_2 = K_a = \frac{\cos^2(\varphi + \omega)}{\cos^3\omega \cdot \left(1 + \frac{\sin\varphi}{\cos\omega}\right)^2} \tag{8.10}$$

$$x_3 = \tan\varphi_t \tag{8.11}$$

K_{max} 的响应面模型可表示为

$$\begin{aligned} K_{max} = & \beta_0 + \beta_1\left(\frac{z}{H}\right) + \beta_2 K_a + \beta_3 \tan\varphi_t \\ & + \beta_4\left(\frac{z}{H}\right)^2 + \beta_5 K_a^2 + \beta_6(\tan\varphi_t)^2 \\ & + \beta_7\left(\frac{z}{H}\right)K_a + \beta_8 K_a \tan\varphi_t + \beta_9 \tan\varphi_t\left(\frac{z}{H}\right) \end{aligned} \tag{8.12}$$

采用图 8.16～图 8.21 中 55 组挡墙数值模型所得到的 570 个筋材最大拉力数值计算值建立筋材拉力数据库，并通过式（8.8）计算出对应的侧向土压力系数 K_{max} 的数据库。将 570 个 K_{max} 值以及与各 K_{max} 值对应的变量 x_1、x_2、x_3 代入式（8.12），通过最小二乘法拟合出未知系数 β_i。表 8.3 为 K_{max} 响应面模型各系数取值。

表 8.3　K_{max} 响应面模型各系数取值

系　　数	取　　值	系　　数	取　　值
β_0	−0.1244	β_5	0.0512
β_1	0.4200	β_6	0.0255
β_2	0.9450	β_7	−0.3940
β_3	−0.0198	β_8	−0.0335
β_4	−0.3497	β_9	0.0035

8.2.3　筋材最大拉力响应面模型计算结果

图 8.22 所示为筋材最大拉力数据库中 570 个筋材最大拉力的数值计算值和它们的响应面模型计算值。定义筋材最大拉力响应面模型的偏差 λ 为筋材最大拉力数值计算值 $T_{max,n}$ 与响应面模型计算值 $T_{max,c}$ 之比：

$$\lambda = \frac{T_{max,n}}{T_{max,c}} \tag{8.13}$$

图 8.22 中所有响应面模型计算值偏差的中值 μ_λ 和变异系数 COV_λ 分别为 1.0 和 0.177。由图 8.22 可见，数据点均匀分布在斜率为 1 的对角线上或对角线两侧，且大部分数据点在对角线两侧 $\pm 2\ COV_\lambda$ 界限的范围内，这说明筋材最大拉力响应面模型计算值较为准确。

8.2.4　筋材最大拉力响应面模型验证

采用表 8.2 中 Wall C 和 Wall D 的筋材最大拉力实测数据对本书筋材最大拉力响应面

模型进行验证。图 8.23 和图 8.24 给出了 Wall C 和 Wall D 的筋材最大拉力的实测值、响应面模型计算值、K -刚度法计算值和 AASHTO 法计算值。由图可见，筋材最大拉力的响应面模型计算值大于 K -刚度法计算值，小于 AASHTO 法计算值。对于 Wall C，响

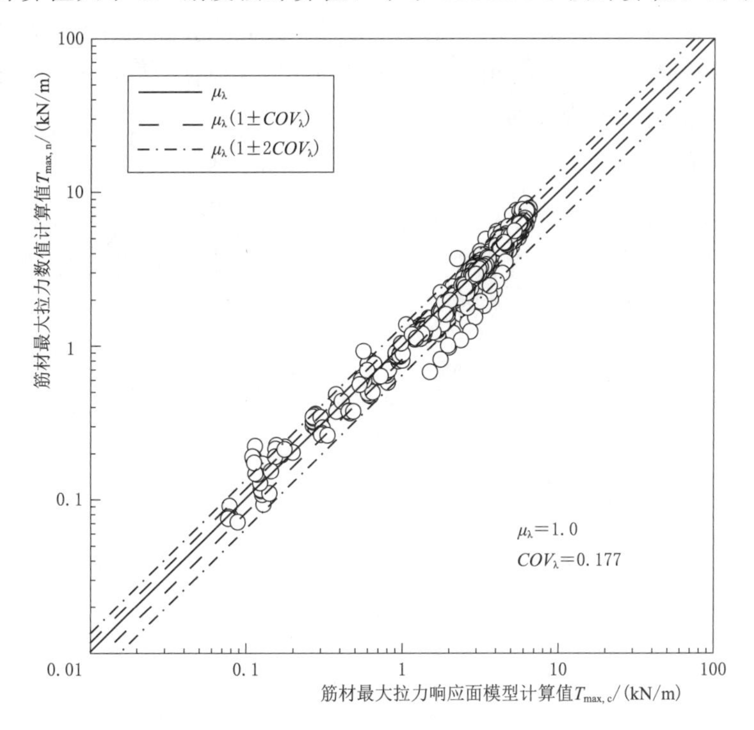

图 8.22 筋材最大拉力数值计算值和理论计算值对比

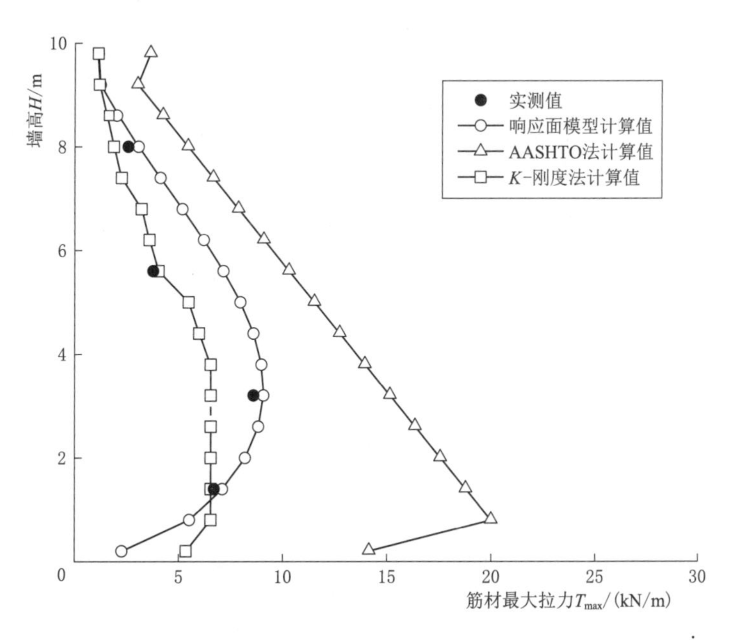

图 8.23 Wall C 各层筋材最大拉力实测值与计算值的对比

应面模型计算值与实测筋材最大拉力较为接近，准确地预测了从下至上第 3、第 6、第 14 层的筋材最大拉力，略为高估了第 10 层的筋材最大拉力。对于 Wall D，响应面模型计算值高估了作为测点层的 3 层筋材的最大拉力值，计算值约为实测值的 2 倍。K -刚度法低估了 Wall C 的第 6、第 14 层和 Wall D 的第 6 层筋材的最大拉力值，而 AASHTO 法计算值远超过实测筋材最大拉力，计算值约为实测值的 3 倍。综合来看，三种方法中本书提出的筋材最大拉力计算方法较为准确。

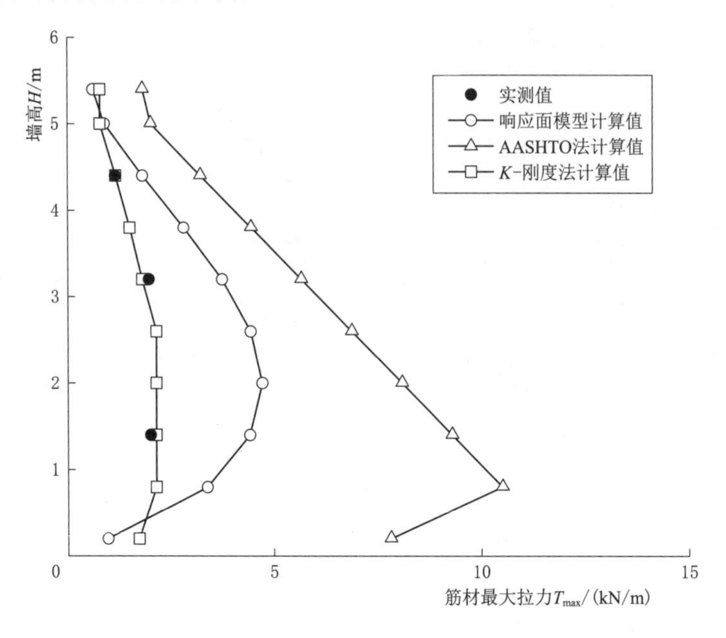

图 8.24　Wall D 各层筋材最大拉力实测值与计算值的对比

参 考 文 献

[1] Vidal H. The principle of reinforced earth [J]. Highway research record 282, 1969.

[2] Bathurst R J, Simac M R. Geosynthetic reinforced segmental retaining wall structures in North America [C] //Fifth International Conference on Geotextiles, Geomembranes and Related Products, Singapore, 1994.

[3] Koerner R M, Soong T Y. Geosynthetic reinforced segmental retaining walls [J]. Geotextiles and Geomembranes, 2001, 19 (6): 359 - 386.

[4] Allen T M, Bathurst R J, Holtz R D, et al. A new working stress method for prediction of reinforcement loads in geosynthetic walls [J]. Canadian Geotechnical Journal, 2003, 40 (5): 976 - 994.

[5] Bathurst R J, Miyata Y, Nernheim A, et al. Refinement of *K*-stiffness method for geosynthetic-reinforced soil walls [J]. Geosynthetics International, 2008, 15 (4): 269 - 295.

[6] Yoo C. Performance of a 6-year-old geosynthetic-reinforced segmental retaining wall [J]. Geotextiles and Geomembranes, 2004, 22 (5): 377 - 397.

[7] Yoo C, Jung H Y. Case history of geosynthetic reinforced segmental retaining wall failure [J]. Journal of Geotechnical and Geoenvironmental Engineering, 2006, 132 (12): 1538 - 1548.

[8] 杨广庆，周亦涛，熊保林，等. 刚性基础上双级土工格栅加筋土挡墙性状研究 [J]. 水利学报，2012，43 (12)：1500 - 1506.

[9] Allen T M, Bathurst R J. Design and performance of 6.3-m-high, block-faced geogrid wall designed using *K*-Stiffness Method [J]. Journal of Geotechnical and Geoenvironmental Engineering, 2013, 140 (2): 04013016.

[10] Allen T M, Bathurst R J. Performance of an 11 m high block-faced geogrid wall designed using the *K*-stiffness method [J]. Canadian Geotechnical Journal, 2013, 51 (1): 16 - 29.

[11] Riccio M, Ehrlich M, Dias D. Field monitoring and analyses of the response of a block-faced geogrid wall using fine-grained tropical soils [J]. Geotextiles and Geomembranes, 2014, 42 (2): 127 - 138.

[12] Leshchinsky D, Boedeker R H. Geosynthetic reinforced soil structures [J]. Journal of Geotechnical Engineering, 1989, 115 (10): 1459 - 1478.

[13] Yang G Q, Liu H, Zhou Y T, et al. Post-construction performance of a two-tiered geogrid reinforced soil wall backfilled with soil-rock mixture [J]. Geotextiles and

Geomembranes，2014，42 (2)：91 - 97.

[14] 周亦涛，梁小勇，杨广庆，等. 多级加筋土复合式挡墙的现场试验 [J]. 工业建筑，2014，44 (2)：83 - 88.

[15] Jiang Y，Han J，Parsons R L，et al. Field instrumentation and evaluation of modular-block MSE walls with secondary geogrid layers [J]. Journal of Geotechnical and Geoenvironmental Engineering，2016，142 (12)：05016002.

[16] Saghebfar M，Abu-Farsakh M，Ardah A，et al. Performance monitoring of geosynthetic reinforced soil integrated bridge system (GRS - IBS) in Louisiana [J]. Geotextiles and Geomembranes，2017，45 (2)：34 - 47.

[17] Udomchai A，Horpibulsuk S，Suksiripattanapong C，et al. Performance of the bearing reinforcement earth wall as a retaining structure in the Mae Moh mine，Thailand [J]. Geotextiles and Geomembranes，2017，45 (4)：350 - 360.

[18] Bathurst R J，Walters D，Vlachopoulos N，et al. Full scale testing of geosynthetic reinforced walls [C]. Proceedings of GeoDenver，2000：1 - 17.

[19] Bathurst R J，Vlachopoulos N，Walters D L，et al. The influence of facing stiffness on the performance of two geosynthetic reinforced soil retaining walls [J]. Canadian Geotechnical Journal，2006，43 (12)：1225 - 1237.

[20] Leshchinsky D. Discussion on "The influence of facing stiffness on the performance of two geosynthetic reinforced soil retaining walls" [J]. Canadian Geotechnical Journal，2007，44 (12)：1479 - 1482.

[21] Bathurst R J，Vlachopoulos N，Walters D L，et al. Reply to the discussions on "The influence of facing stiffness on the performance of two geosynthetic reinforced soil retaining walls" [J]. Canadian Geotechnical Journal，2007，44 (12)：1484 - 1490.

[22] 刘卫华，雷胜友，黄润秋，等. 模块式加筋土挡墙墙面板与土工格栅之间的摩擦性质研究 [J]. 岩石力学与工程学报，2006，25 (z1).

[23] Bathurst R J，Althoff S，Linnenbaum P. Influence of test method on direct shear behavior of segmental retaining wall units [J]. Geotechnical Testing Journal，2007，31 (2)：157 - 165.

[24] Ehrlich M，Mirmoradi S H，Saramago R P. Evaluation of the effect of compaction on the behavior of geosynthetic-reinforced soil walls [J]. Geotextiles and Geomembranes，2012，34：108 - 115.

[25] Huang C C，Chen Y S. Behaviour of reinforced structures under simulated toe scouring [J]. Geosynthetics International，2012，19 (4)：272 - 283.

[26] Huang C C，Chen Y S. Stability analyses of reinforced walls subjected to simulated toe scouring [J]. Geosynthetics International，2012，19 (4)：284 - 291.

[27] Ehrlich M，Mirmoradi S H. Evaluation of the effects of facing stiffness and toe resistance on the behavior of GRS walls [J]. Geotextiles and Geomembranes，2013，40：28 - 36.

[28] Guler E，Selek O. Reduced-scale shaking table tests on geosynthetic-reinforced soil walls with modular facing [J]. Journal of Geotechnical and Geoenvironmental Engineering，2014，140 (6)：04014015.

[29] Xiao C, Han J, Zhang Z. Experimental study on performance of geosynthetic-reinforced soil model walls on rigid foundations subjected to static footing loading [J]. Geotextiles and Geomembranes, 2016, 44 (1): 81-94.

[30] Miyata Y, Bathurst R J, Miyatake H. Performance of three geogrid-reinforced soil walls before and after foundation failure [J]. Geosynthetics International, 2015, 22 (4): 311-325.

[31] Bathurst R J, Miyata Y, Konami T, etc. Stability of multi-anchor soil walls after loss of toe support [J]. Geotechnique, 2015, 65 (11): 945-951.

[32] Latha G M, Santhanakumar P. Seismic response of reduced-scale modular block and rigid faced reinforced walls through shaking table tests [J]. Geotextiles and Geomembranes, 2015, 43 (4): 307-316.

[33] 王贺，杨广庆，熊保林，吴连海，刘华北．模块面板式加筋土挡墙结构行为试验研究 [J]．岩土力学，2016，37 (2)：487-498.

[34] Helwany S, Wu J T H, Meinholz P, et al. Seismic behavior of GRS bridge abutments with concrete block facing: an experimental study [J]. Transportation Infrastructure Geotechnology, 2017, 4 (4): 85-105.

[35] Viswanadham B V S, Razeghi H R, Mamaghanian J, et al. Centrifuge model study on geogrid reinforced soil walls with marginal backfills with and without chimney sand drain [J]. Geotextiles and Geomembranes, 2017, 45 (5): 430-446.

[36] Zheng Y, Sander A C, Rong W, et al. Experimental design for a half-scale shaking table test of a geosynthetic-reinforced soil bridge abutment [M] //Geotechnical Frontiers 2017. 2017: 54-63.

[37] Ahmadi H, Bezuijen A. Full-scale mechanically stabilized earth (MSE) walls under strip footing load [J]. Geotextiles and Geomembranes, 2018, 46 (3): 297-311.

[38] Rowe R K, Skinner G D. Numerical analysis of geosynthetic reinforced retaining wall constructed on a layered soil foundation [J]. Geotextiles and Geomembranes, 2001, 19 (7): 387-412.

[39] Skinner G D, Rowe R K. Design and behaviour of geosynthetic-reinforced soil walls constructed on yielding foundations [J]. Geosynthetics International, 2003, 10 (6): 200-214.

[40] Leshchinsky D, Han J. Geosynthetic reinforced multitiered walls [J]. Journal of Geotechnical and Geoenvironmental Engineering, 2004, 130 (12): 1225-1235.

[41] Skinner G D, Rowe R K. Design and behaviour of a geosynthetic reinforced retaining wall and bridge abutment on a yielding foundation [J]. Geotextiles and Geomembranes, 2005, 23: 234-260.

[42] Yoo C, Song A R. Effect of foundation yielding on performance of two-tier geosynthetic-reinforced segmental retaining walls: a numerical investigation [J]. Geosynthetics International, 2006, 13 (5): 181-194.

[43] Hatami K, Bathurst R J. Development and verification of a numerical model for the analysis of geosynthetic reinforced soil segmental walls under working stress conditions [J]. Canadian Geotechnical Journal, 2005, 42 (4): 1066-1085.

[44] Hatami K, Bathurst R J. A numerical model for reinforced soil segmental walls under surcharge loading [J]. Journal of Geotechnical and Geoenvironmental Engineering, ASCE, 2006, 132 (6): 673-684.

[45] Huang B, Bathurst R J, Hatami K. Numerical study of reinforced soil segmental walls using three different constitutive soil models [J]. Journal of Geotechnical and Geoenvironmental Engineering, ASCE, 2009, 135 (10): 1486-1498.

[46] Huang B, Bathurst R J, Hatami K. Influence of toe restraint on reinforced soil segmental walls [J]. Canadian Geotechnical Journal, 2010, 47 (8): 885-904.

[47] Liu H. Long-term lateral displacement of geosynthetic-reinforced soil segmental retaining walls [J]. Geotextiles and Geomembranes, 2012, 32: 18-27.

[48] Chen J F, Bathurst R J. Investigation of interface toe sliding of reinforced soil block face walls using FLAC [C] //Proceedings of Continuum and Distinct Element Numerical Modeling in Geomechanics, Shanghai, 2013.

[49] Chen J F, Yu Y, Bathurst R J. Influence of leveling pad interface properties on soil reinforcement loads for walls on rigid foundations [C] //Ground Improvement and Geosynthetics, ASCE, 2014: 481-492.

[50] Damians I P, Bathurst R J, Josa A, et al. Numerical study of the influence of foundation compressibility and reinforcement stiffness on the behavior of reinforced soil walls [J]. International Journal of Geotechnical Engineering, 2014, 8 (3): 247-259.

[51] 陈建峰. 基于墙趾真实约束条件的模块式加筋土挡墙数值模拟 [J]. 岩土工程学报, 2014, 36 (9): 1640-1647.

[52] Mirmoradi S H, Ehrlich M. Numerical evaluation of the behavior of GRS walls with segmental block facing under working stress conditions [J]. Journal of Geotechnical and Geoenvironmental Engineering, 2015, 141 (3).

[53] Ambauen S, Leshchinsky B, Xie Y, et al. Service-state behavior of reinforced soil walls supporting spread footings: a parametric study using finite-element analysis [J]. Geosynthetics International, 2016, 23 (3): 156-170.

[54] Rahmouni O, Mabrouki A, Benmeddour D, et al. A numerical investigation into the behavior of geosynthetic-reinforced soil segmental retaining walls [J]. International Journal of Geotechnical Engineering, 2016, 10 (5): 435-444.

[55] Ren F, Zhang F, Xu C, et al. Seismic evaluation of reinforced-soil segmental retaining walls [J]. Geotextiles and Geomembranes, 2016, 44 (4): 604-614.

[56] Yang K H, Wu J T H, Chen R H, et al. Lateral bearing capacity and failure mode of geosynthetic-reinforced soil barriers subject to lateral loadings [J]. Geotextiles and Geomembranes, 2016, 44 (6): 799-812.

[57] Yu Y, Bathurst R J, Allen T M. Numerical modeling of the SR-18 geogrid reinforced modular block retaining walls [J]. Journal of Geotechnical and Geoenvironmental Engineering, 2016, 142 (5): 04016003.

[58] Zheng Y, Fox P J. Numerical investigation of geosynthetic-reinforced soil bridge abutments under static loading [J]. Journal of Geotechnical and Geoenvironmental Engineer-

ing, 2016, 142 (5): 04016004.

[59] Ardah A, Abu-Farsakh M, Voyiadjis G. Numerical evaluation of the performance of a geosynthetic reinforced soil-integrated bridge system (GRS - IBS) under different loading conditions [J]. Geotextiles and Geomembranes, 2017, 45 (6): 558 - 569

[60] Abu-Farsakh M, Ardah A, Voyiadjis G. 3D Finite element analysis of the geosynthetic reinforced soil-integrated bridge system (GRS - IBS) under different loading conditions [J]. Transportation Geotechnics, 2018, 15: 70 - 83.

[61] Hamderi M, Guler E, Raouf A. An investigation on the formation of cracks at the corner turns of the modular block earth walls [J]. International Journal of Civil Engineering, 2017: 1 - 12.

[62] Mirmoradi S H, Ehrlich M. Effects of facing, reinforcement stiffness, toe resistance, and height on reinforced walls [J]. Geotextiles and Geomembranes, 2017, 45 (1): 67 - 76.

[63] Rong W, Zheng Y, McCartney J S, et al. 3D deformation behavior of geosynthetic-reinforced soil bridge abutments [M] //Geotechnical Frontiers 2017, 2017: 44 - 53.

[64] 张垭，汪磊，刘华北. 面板倾角对模块式面板加筋土挡墙筋材内力的影响 [J]. 岩土工程学报，2017，39 (9)：1680 - 1688.

[65] Jiang Y, Han J, Zornberg J, et al. Numerical analysis of field geosynthetic-reinforced retaining walls with secondary reinforcement [J]. Géotechnique, 2018: 1 - 11.

[66] Mirmoradi S H, Ehrlich M. Numerical simulation of compaction-induced stress for the analysis of RS walls under working conditions [J]. Geotextiles and Geomembranes, 2018, 46 (3): 354 - 365.

[67] Sadat M R, Huang J, Bin-Shafique S, et al. Study of the behavior of mechanically stabilized earth (MSE) walls subjected to differential settlements [J]. Geotextiles and Geomembranes, 2018, 46 (1): 77 - 90.

[68] Zheng Y, Fox P J, McCartney J S. Numerical simulation of deformation and failure behavior of geosynthetic reinforced soil bridge abutments [J]. Journal of Geotechnical and Geoenvironmental Engineering, 2018, 144 (7): 04018037.

[69] Zheng Y, Fox P J, McCartney J S. Numerical study on maximum reinforcement tensile forces in geosynthetic reinforced soil bridge abutments [J]. Geotextiles and Geomembranes, 2018, 46 (5): 634 - 645.

[70] AASHTO. Standard specifications for highway bridges, with 1999 interims [S]. 16th ed. American Association of State Highway and Transportation Officials (AASHTO), Washington, D. C. 1996.

[71] AASHTO. Standard specifications for highway bridges [S]. 17th ed. American Association of State Highway and Transportation Officials (AASHTO), Washington, D. C. 2002.

[72] AASHTO. Standard practice for determination of long-term strength for geosynthetic reinforcement [S]. Provisional Standard Practice, Washington, DC. 2013.

[73] AASHTO. AASHTO LRFD bridge design specifications [S], 7th ed., Washington, DC. 2014.

[74] Federal Highway Administration (FHWA), Elias V, Christopher B R. Mechanically stabilized earth walls and reinforced soil slopes design and construction guidelines [S]. FHWA-SA-96-071, Washington, DC. 1998.

[75] Federal Highway Association (FHWA), Elias V, Christopher B R, and Berg R R. Mechanically stabilized earth walls and reinforced soil slopes, design and construction [S]. FHWA-NHI-00-043, Washington, DC. 2001.

[76] Federal Highway Association (FHWA), Berg R R, Christopher B R, and Samtani N C. Design and construction of mechanically stabilized earth walls and reinforced soil slopes [S]. FHWA-NHI-10-024, Washington, DC. 2009.

[77] 中华人民共和国住房和城乡建设部. GB/T 50290—2014 土工合成材料应用技术规范 [S]. 北京：中国计划出版社，2015.

[78] 中华人民共和国水利部. SL/T 225—98 水利水电工程土工合成材料应用技术规范 [S]，北京：中国水利水电出版社，1998.

[79] 国家铁路局. TB 10025—2019 铁路路基支挡结构设计规范 [S]. 北京：中国铁道出版社，2019.

[80] National Concrete Masonry Association (NCMA), Collin J G. (Ed.), Herndon. Design manual for segmental retaining walls [S]. VA. 1997.

[81] National Concrete Masonry Association (NCMA). Bernardi M, Herndon. Design manual for segmental retaining walls [S]. 5th ed. VA. 2012.

[82] Bathurst R J, Allen T M, Walters D L. Reinforcement loads in geosynthetic walls and the case for a new working stress design method [J]. Geotextiles and Geomembranes, 2005, 23 (4): 287-322.

[83] Miyata Y, Bathurst R J. Evaluation of K-stiffness method for vertical geosynthetic reinforced granular soil walls in Japan [J]. Soils and Foundations, 2007, 47 (2): 319-335.

[84] Miyata Y, Bathurst R J. Development of the K-stiffness method for geosynthetic reinforced soil walls constructed with c-φ soils [J]. Canadian Geotechnical Journal, 2007, 44 (12): 1391-1416.

[85] Allen T M, Bathurst R J. Improved simplified method for prediction of loads in reinforced soil Walls [J]. Journal of Geotechnical and Geoenvironmental Engineering, 2015, 141 (11): 04015049.

[86] Han J, Leshchinsky D. General analytical framework for design of flexible reinforced earth structures [J]. Journal of Geotechnical and Geoenvironmental Engineering, ASCE, 2006, 132 (11): 1427-1435.

[87] Leshchinsky D, Zhu F, Meehan C L. Required unfactored strength of geosynthetic in reinforced earth structures [J]. Journal of Geotechnical and Geoenvironmental Engineering, ASCE, 2010, 136 (2): 281-289.

[88] Leshchinsky B. Maximum Tensile Loads in Reinforcements for MSE Walls: A Comprehensive Stability Check Revisited with Limit Analysis [C] //Geo-Congress 2014 Geo-characterization and Modeling for Sustainability, ASCE, 3153-3162.

[89] Liu H, Won M S. Stress dilatancy and reinforcement load of vertical-reinforced soil

composite: Analytical method [J]. Journal of Engineering Mechanics, ASCE, 2014, 140 (3): 630-639.

[90] Liu H. Nonlinear elastic analysis of reinforcement loads for vertical reinforced soil composites without facing restriction [J]. Journal of Geotechnical and Geoenvironmental Engineering, 2016, 142 (6): 04016013.

[91] Liu H. Reinforcement load and compression of reinforced soil mass under surcharge loading [J]. Journal of Geotechnical and Geoenvironmental Engineering, ASCE, 2016, 141 (6): 04015017.

[92] Liu H, Yang G, Hung C. Analyzing reinforcement loads of vertical geosynthetic-reinforced soil walls considering toe restraint [J]. International Journal of Geomechanics, 2016, 17 (6): 04016140.

[93] Leshchinsky D, Vahedifard F. Impact of toe resistance in reinforced masonry block walls: Design dilemma [J]. Journal of Geotechnical and Geoenvironmental Engineering, 2012, 138 (2): 236-240.

[94] Tatsuoka F, Tateyama M, Koseki J, et al. Geosynthetic-reinforced soil structures for railways in Japan [J]. Transportation Infrastructure Geotechnology, 2014, 1 (1): 3-53.

[95] 中华人民共和国行业标准编写组. JTG E50—2006 公路工程土工合成材料试验规程 [S]. 北京：人民交通出版社，2006.

[96] Yu Y, Damians I P, Bathurst R J. Influence of choice of FLAC and PLAXIS interface models on reinforced soil-structure interactions [J]. Computers and Geotechnics, 2015, 65: 164-174.

[97] Yu Y, Bathurst R J, Allen T M, et al. Physical and numerical modelling of a geogrid-reinforced incremental concrete panel retaining wall [J]. Canadian Geotechnical Journal, 2016, 53 (12): 1883-1901.

[98] Boyle S R. Deformation prediction of geosynthetic reinforced soil retaining walls [D]. University of Washington, Seattle, Wash. 1995.

[99] 陈周与，马时冬. 超软地基上土工布加筋土挡墙的试验研究 [J]. 长江科学院院报，2001 (6): 29-32.

[100] 陈建峰，顾建伟，石振明，等. 软土地基加筋土挡墙现场试验研究 [J]. 岩石力学与工程学报，2011，30 (S1): 3370-3375.

[101] 王潇宇，徐超，吴迪. 软土地基上加筋土挡墙变形特征的有限元分析 [J]. 水利水电科技进展，2012，32 (1): 91-94.

[102] 高文华，王祥秋，陈秋南，等. 软弱地基土工织物加筋土挡墙设计 [J]. 湘潭矿业学院学报，2003 (2): 22-25.

[103] 顾培，高长胜，杨守华，等. 加筋土挡墙离心模型试验研究 [J]. 水利水运工程学报，2010 (2): 67-72.

[104] 陈建峰，柳军修，石振明，软土地基加筋土挡墙数值模拟及稳定性探讨 [J]. 岩石力学与工程学报，2012，31 (9): 1928-1935.

[105] 陈建峰，张旭，柳军修. 软土地基刚/柔性组合墙面加筋土挡墙离散连续耦合数值模拟 [J]. 同济大学学报（自然科学版），2019，47 (2): 159-166.

[106] 陈建峰，田丹，柳军修. 刚/柔性组合墙面加筋土挡墙内部破坏机制 [J]. 岩土力学，2018，39 (7)：2353-2360.

[107] 徐鹏，蒋关鲁，王宁，等. 地基对加筋土挡墙影响的对比分析 [J]. 西南交通大学学报，2020，55 (4)：752-757.

[108] 汪益敏，邹超，高水琴. 考虑蠕变效应的软土地基加筋土挡墙变形 [J]. 华南理工大学学报（自然科学版），2013，41 (4)：113-118，126.

[109] Guler E，Hamderi M，Demirkan M M. Numerical analysis of reinforced soil-retaining wall structures with cohesive and granular backfills [J]. Geosynthetics International，2007，14 (6)：330-345.

[110] Mirmoradi S H，Ehrlich M，Magalhaes L F O. Numerical evaluation of the effect of foundation on the behavior of reinforced soil walls [J]. Geotextiles and Geomembranes，2021，49 (3)：619-628.

[111] Nernheim A，Huang B，Bathurst R J. Using synthetic data from numerical modeling to verify the *K*-stiffness method for reinforced soil walls [C] //Proceedings of EuroGeo4 2008，Edinburg，2008：1-8.

[112] 苏国韶，宋咏春，燕柳斌. 高斯过程机器学习在边坡稳定性评价中的应用 [J]. 岩土力学，2009，30 (3)：675-679.

[113] 苏国韶，肖义龙. 边坡可靠度分析的高斯过程方法 [J]. 岩土工程学报，2011，33 (3)：916-920.

[114] 何婷婷，尚岳全，吕庆，等. 边坡可靠度分析的支持向量机法 [J]. 岩土力学，2013，34 (11)：3269-3276.

[115] 俞登科，李正良，韩枫，等. 基于性能目标的特高压输电塔抗风可靠度分析 [J]. 防灾减灾工程学报，2013，33 (6)：657-662.

[116] 孙长宁，曹净，宋志刚，等. 基坑体系可靠度的条件概率计算方法 [J]. 岩土力学，2014，35 (4)：1211-1216.

[117] 马小兵，任宏道，蔡义坤. 高温结构可靠性分析的时变响应面法 [J]. 北京航空航天大学学报，2015，41 (2)：198-202.

[118] 傅方煜，郑小瑶，吕庆，等. 基于响应面法的边坡稳定二阶可靠度分析 [J]. 岩土力学，2014，35 (12)：3460-3466.

[119] Zhang J，Chen H Z，Huang H W，et al. Efficient response surface method for practical geotechnical reliability analysis [J]. Computers and Geotechnics，2015，69：496-505.

[120] Zhang W，Goh A T C，Xuan F. A simple prediction model for wall deflection caused by braced excavation in clays [J]. Computers and Geotechnics，2015，63：67-72.

[121] 蒋水华，李典庆. 考虑参数空间变异性多层土坡系统可靠度分析 [J]. 岩土力学，2015，36 (S1)：629-633.

[122] 罗丽娟，张鹏，任翔，等. 基于 ANSYS 和响应面法的抗滑桩结构可靠性分析 [J]. 工程地质学报，2015，23 (3)：454-461.

[123] 尹平保，贺炜，成滢，等. 山区桩柱式桥梁基桩水平变形可靠性分析研究 [J]. 岩土工程学报，2015，37 (S1)：120-124.

[124] 张宁，李旭，储昭飞，等. 关于土坡稳定性分析中的分项系数取值的讨论 [J]. 岩土工程学报，2016，38 (9)：1695 - 1704.

[125] 蒋水华，魏博文，姚池，等. 考虑概率分布影响的低概率水平边坡可靠度分析 [J]. 岩土工程学报，2016，38 (6)：1071 - 1080.

[126] 陈训龙，龚文惠，邱金伟，等. 基于盲数理论的边坡可靠度分析 [J]. 岩石力学与工程学报，2016，35 (6)：1155 - 1160.

[127] 李静萍，程勇刚，李典庆，等. 基于多重响应面法的空间变异土坡系统可靠度分析 [J]. 岩土力学，2016，37 (1)：147 - 155.

[128] 王飞，梁旭黎，杜建坡. 地震荷载作用下岩石边坡的抗倾覆稳定性分析及可靠度研究 [J]. 工程地质学报，2016，24 (6)：1126 - 1135.

[129] 李典庆，郑栋，曹子君，等. 边坡可靠度分析的响应面方法比较研究 [J]. 武汉大学学报（工学版），2017，50 (1)：1 - 17.

[130] 朱唤珍，李夕兵，宫凤强. 基于响应面法的三维 H－B 强度准则可靠度的研究 [J]. 中南大学学报（自然科学版），2017，48 (2)：491 - 497.

[131] 范文亮，周擎宇，李正良. 基于单变量降维模型和坐标旋转的可靠度混合分析方法 [J]. 土木工程学报，2017，50 (5)：12 - 18.

[132] 陈春舒，夏元友. 基于全局极限响应面的预应力锚索加固边坡抗震可靠度分析 [J]. 岩土力学，2017，38 (S1)：255 - 262.

[133] 袁卓亚，陈炫佑，王卫山，等. 基于随机响应面的连续刚构桥主梁挠度控制可靠度分析 [J]. 公路，2017，62 (8)：101 - 107.

[134] 靳红玲，王威，冯涛，等. 考虑附加质量的旋转柔性梁动态可靠性分析 [J]. 振动与冲击，2017，36 (21)：40 - 45.

[135] 卫璞. 氯盐环境下大型混凝土桥梁构件耐久性可靠度分析 [J]. 公路，2017，62 (11)：62 - 66.

[136] 苗姜龙，陈曦，吕彦楠，等. 基于 BP 神经网络的冻土路基变形预测与可靠度分析 [J]. 自然灾害学报，2018，27 (4)：81 - 87.

[137] 李德如，刘扬，鲁乃唯，等. 基于 LHS-Kriging 法的正交异性钢桥面板疲劳可靠度分析 [J]. 计算力学学报，2018，35 (4)：408 - 416.

[138] 吕中宾，张猛. 基于联合算法的受损变电构架承载能力可靠度分析 [J]. 建筑结构，2018，48 (17)：118 - 122.

[139] 陈汉，刘林. 基于随机响应面法的重力式挡土墙可靠度分析 [J]. 人民珠江，2018，39 (10)：56 - 62.

[140] Sayed S，Dodagoudar G R，Rajagopal K. Finit element reliability analysis of reinforced retaining walls [J]. Geomechanics and Geoengineering：An International Journal，2010，5 (3)：187 - 197.

[141] Lin B H，Yu Y，Bathurst R J，et al. Deterministic and probabilistic prediction of facing deformations of geosynthetic-reinforced MSE walls using a response surface approach [J]. Geotextiles and Geomembranes，2016，44 (6)：813 - 823.

[142] Yu Y，Bathurst R J. Probabilistic assessment of reinforced soil wall performance using response surface method [J]. Geosynthetics International，2017，24 (5)：524 - 542.

[143] Bathurst R J，Yu Y. Probabilistic prediction of reinforcement loads for steel MSE walls using a response surface method [J]. International Journal of Geomechanics，2018，18 (5)：04018027.

[144] Myers R H，Montgomery D C. Response surface methodology：Process and product optimization using designed experiments [M]. 2nd ed.，New York，2002.

[145] Palmeria E M，Milligan G W E. Scale and other factors affecting the results of pull-out tests of grids buried in sand [J]. Geotechnique，1989，39 (3)：511 - 524.

[146] Mendes M J A，Palmeira E M，Matheus E. Some factors affecting the in-soil load-strain behaviour of virgin and damaged nonwoven geotextiles [J]. Geosynthetics International，2007，14 (1)：39 - 50.

[147] Palmeira E M. Soil-geosynthetic interaction：Modelling and analysis [J]. Geotextiles and Geomembranes，2009，27 (5)：368 - 390.

[148] Eigenbrod K D，Locker J G. Determination of friction values for the design of side slopes lined or protected with geosynthetics [J]. Canadian Geotechnical Journal，1987，24 (4)：509 - 519.

[149] Lee K M，Manjunath V R. Soil-geotextile interface friction by direct shear tests [J]. Canadian Geotechnical Journal，2000，37 (1)：238 - 252.

[150] 张文慧，王保田，张福海，等. 双向土工格栅与黏土界面作用特性试验研究 [J]. 岩土力学，2007 (5)：1031 - 1034.

[151] 史旦达，刘文白，水伟厚，等. 单、双向塑料土工格栅与不同填料界面作用特性对比试验研究 [J]. 岩土力学，2009，30 (8)：2237 - 2244.

[152] Liu C N，Ho Y H，Huang J W. Large scale direct shear tests of soil/PET-yarn geogrid interfaces [J]. Geotextiles and Geomembranes，2009，27 (1)：19 - 30.

[153] Wu H，Shu Y，Dai L，et al. Mechanical Behavior of Interface between Composite Geomembrane and Permeable Cushion Material [J]. Advances in Materials Science and Engineering，2014，1 - 9.

[154] 陈建峰，李辉利，柳军修，等. 土工格栅与砂土的细观界面特性研究 [J]. 岩土力学，2011，32 (S1)：66 - 71.

[155] 徐超，石志龙. 循环荷载作用下筋土界面抗剪特性的试验研究 [J]. 岩土力学，2011，32 (3)：655 - 660.

[156] Abdi M R，Arjomand M A. Pullout tests conducted on clay reinforced with geogrid encapsulated in thin layers of sand [J]. Geotextiles and Geomembranes，2011，29 (6)：588 - 595.

[157] Zhou J，Chen J F，Xue J F，et al. Micro-mechanism of the interaction between sand and geogrid transverse ribs [J]. Geosynthetics International，2012，19 (6)：426 - 437.

[158] 王家全，周健，黄柳云，等. 土工合成材料大型直剪界面作用宏细观研究 [J]. 岩土工程学报，2013，35 (5)：908 - 915.

[159] 李建，唐朝生，王德银，等. 基于单根纤维拉拔试验的波形纤维加筋土界面强度研究 [J]. 岩土工程学报，2014，36 (9)：1696 - 1704.

[160] Tatsuoka F，Tateyama M，Uchimura T，et al. Geosynthetic-reinforced soil retaining

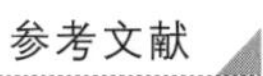

walls as important permanent structures 1996—1997 mercer lecture [J]. Geosynthetics International, 1997, 4 (2): 81 - 136.

[161] Tatsuoka F. Recent practice and research of geosynthetic-reinforced earth structures in Japan [J]. Journal of GeoEngineering, 2008, 3 (3): 77 - 100.